TURING 图灵新知

图 灵 数 学 经 典

[美] 劳埃德·尼克·特雷费森

(Lloyd Nick Trefethen)

著

何生 译

An Applied Mathematician's Apology

一个应用数学家的辩白

人民邮电出版社

北 京

图书在版编目（ＣＩＰ）数据

一个应用数学家的辩白 ／（美）劳埃德·尼克·特雷费森（Lloyd Nick Trefethen）著；何生译. -- 北京：人民邮电出版社，2023.5
（图灵数学经典）
ISBN 978-7-115-61207-6

Ⅰ．①一⋯ Ⅱ．①劳⋯ ②何⋯ Ⅲ．①应用数学 Ⅳ．①O29

中国国家版本馆CIP数据核字(2023)第030650号

内 容 提 要

本书是国际著名数值分析专家劳埃德·尼克·特雷费森教授的心得之作。除了回顾早期学习数学的成长过程和深耕数值分析领域的心路历程，本书还体现了特雷费森教授对数学本身的认真思考、对纯数学和应用数学的个人感悟，以及对数学所面临的挑战的深刻反思。

本书适合对数学史、数学思想和数学教育，以及应用数学感兴趣的所有读者。

◆ 著　　　　[美] 劳埃德·尼克·特雷费森（Lloyd Nick Trefethen）
　　译　　　　何　生
　　责任编辑　赵　轩
　　责任印制　胡　南

◆ 人民邮电出版社出版发行　　北京市丰台区成寿寺路11号
　　邮编　100164　电子邮件　315@ptpress.com.cn
　　网址　https://www.ptpress.com.cn
　　北京虎彩文化传播有限公司印刷

◆ 开本：880×1230　1/32
　　印张：4.125　　　　　　　2023年5月第1版
　　字数：80千字　　　　　　2024年11月北京第5次印刷
　　著作权合同登记号　图字：01-2022-6006号

定价：39.80元
读者服务热线：(010)84084456-6009　印装质量热线：(010)81055316
反盗版热线：(010)81055315
广告经营许可证：京东市监广登字 20170147 号

版权声明

为了纪念来自另一个时代的知音卡尔·龙格

关于书名的说明

戈弗雷·哈代在 1940 年出版了《一个数学家的辩白》。在那本书里，"辩白"的意思是"辩解，为某个领域辩护"。应该说（我的一些朋友也说过），本书更准确的书名应该是《一个数值分析专家的自白》。毫无疑问，这本小册子与哈代的那本在很多方面是不一样的，本书的传记成分更多，数学内容也是，它们尤其集中在书的后半部分。但两本书的目的一样，它们都是个人对数学本身的认真思考。

推荐序

　　本书作者劳埃德·尼克·特雷费森是科学计算领域的国际著名学者。他年轻的时候就很聪明，在这本"辩白"书里，他就很自豪地说自己在中学是尖子生，然后进入哈佛大学数学系读大学，后来又进入斯坦福大学攻读硕士和博士学位。年纪轻轻便进入麻省理工学院当了助理教授，成为一位数值分析学者，还曾获得美国总统青年研究者奖。数值分析领域有一个知名奖项，叫 Leslie Fox 奖，它以牛津大学数值分析学科创始人的名字命名。在 1985 年首次评奖时，候选人中高手如云，得奖者今天大都是著名学者，而本书作者是首届 Leslie Fox 奖唯一的一等奖获得者。近 40 年后，特雷费森教授已经成就斐然，诚如他在这本书里面写的，"我个人也广为人知，我写的教科书和论文被广泛阅读。我是英国皇家学会院士，曾担任美国工业与应用数学学会主席，并且收获了许多大奖和荣誉学位"。实际上，在前几年他还被选为美国国家工程院院士。

　　除了一帆风顺的学术生涯，本书作者还经历了数值计算学科和科学计算学科的茁壮成长过程。在这本书里，他谈到作为一位应用数学家、一位数值分析学者，数学在其成长中起到了关键作用。首先，他提及了他对数学充满了激情。在人生早期，他对"计算"产生了浓厚的兴趣，因此他长期在数学系和计算机科学系之间徘徊。他在哈佛大学学习时是在数学系，在斯坦福大学攻读硕士学位时是在计算机科学系；他的第一份工作是在麻省理工学院的数学系，第二份工作是在康奈尔大学的计算机科学系，而第三份工作是在牛津大学，先在计算机科学系，后转入数学系。虽然在数学与计算机科学两个学科之间"走来走去"，他还是认为，"我的著作和论文表明了我的心之所向：我是一名数学家"。

虽然是一个数学家、一个应用数学家，但他坦诚地表示：菲尔兹奖的获奖者们对他的影响很小，反而实验室数学对他的影响很大。有许多有趣的现象只能在计算机上观察到，其中经典的例子就是著名的混沌现象，它是由洛伦茨在 1961 年的一次数值模拟中发现的。通过数学方程、计算程序，人们可以模拟客观现象，可以看到很多有趣的数值结果，这是非常奇妙的。本书作者根据自己的深切体验，一直在思考如何推动大学生、研究生和学者们熟练地进行数学实验，让他们在这些实验中发现有趣的现象和数学规律，这些思考也在本书中得到了描述。

自 20 世纪 50 年代以来，随着计算机技术的发展，数值分析走过了一条漫长的发展道路。很长一段时间，只有英国、美国、法国、中国等国家的学者在坚持不懈地发展这个学科。即使在数值分析的发源地英国，有很长一段时间，传统的数学家或应用数学家都是瞧不上数值分析这个新学科的。纯数学家认为数值分析的研究没有什么数学理论，传统的应用数学家认为它不能解决实际问题。在1950年至2000年之间，研究数值分析的学者很难走进院士的队伍。在这里，我想说一个有趣的轶事。数值分析领域的一位天才级别的人物——史蒂夫·欧尔萨格——在20世纪60年代在麻省理工学院做助理教授时，有一天在楼道里碰见了系里的著名教授林家翘，他兴奋地告诉林教授一个"重大发现"，大概意思是他最近发现了一个很厉害的数值方法，叫谱方法，计算效果奇好；林教授所研究的边界层理论可能花一年都找不到方程的解，他花上几秒钟就可以用计算机"算出来"。应用数学学科的代表性人物林先生听后非常不高兴，据说后来再也没有和这个冒失的小伙子说过话。

当然，时代在不断地变迁，数值分析学科的地位越来越高，欧尔萨格发现的方法在湍流计算中大放异彩。后来，他成为普林斯顿大学的教授，他创立的谱方法在数值分析历史上里程碑式的地位也得到了公认。而数值分析领域也衍生出了MATLAB这样富有影响力的科学计算与数据分析软件。谷歌搜索算法也用到了矩阵计算等数值分析领域的成果。本书作者和欧尔萨格一样，在麻省理工学院数学系时是个小众领域的学者，在系里的"地位"可想而知。必须指出，"东方不亮西方亮"。特雷费森和欧尔萨格二人坚持不懈，他们持之以恒地促进了数值分析学科的研究和发展，使得数值分析这门"小"学科在过去几十年里学术地位不断提高，并且产生了巨大影响，他们功不可没。

作为一位富有传奇色彩的数学家，特雷费森教授愿意花时间回顾自己的学术生涯，总结自己的成长过程，表达自己对不同数学领域的感悟，回溯数值分析领域的发展过程，是难能可贵的。这本书将为下一代留下宝贵的精神财富，让我们领略到应用数学学科的魅力，并看到一位充满激情的应用数学学者的成长之路。

作为数值分析领域的一位学者，我郑重地向各位读者推荐本书。

汤涛

2023 年 4 月于北京

中文版序

我很荣幸本书能与中国读者见面。来自不同文化背景的数学家有诸多共同点，这是一件幸事，不过同时我也深信，正如您在阅读本书时能体悟到的：数学家的体验和观念也会有很多不同之处。

实不相瞒，当我阅读戈弗雷·哈代[1]发表于1940年的《一个数学家的辩白》[2]时，我觉得那就是另一种文化！看过那部精彩作品的读者，一定会发现那个时代是多么地不一样，那时的数学世界肯定更严实紧密。然而，哈代和我有一个相同点，即我们都来自牛津大学和剑桥大学的"特座区"——从中世纪开始，各个学科的学者就在书院餐厅的特设座一起用膳交谈了。

我希望您会喜欢书中关于我的个人经历，同时，我也相信您会对书里提出的那些更普遍的问题思索一二。这些问题始于对"纯数学与应用数学"的纠葛，但远不止于此，它们讨论的是我们该如何构建自己的生活和事业，如何将理论和实践相结合。您一定会体会到我的信条——"用计算机完成数学研究"是数学的重大主题之一。

您一定会发现我非常幸运，我的整个职业生涯就是专注于此项工作的。人类的所有活动都富有趣味，但毋庸置疑的是，作为数学家的我们最应该相信我们的工作对未来至关重要。我们知道自己今天发现的东西在一个世纪后仍然是正确的，并且可能依然能发挥作用，这是多么振奋人心啊！

劳埃德·尼克·特雷费森

2022 年 10 月于牛津

目录

1

开场白

我是一名满怀激情的数学家，但也充满了疑惑。我的生活就是数学，我觉得自己与过去的数学家之间有着紧密的联系。随着时间的推移，我研究新的问题，也收获了更多的知识和方法，我越发觉得自己就是一名数学家。然而，我又觉得如今的数学家和数学脱节了。

我写这本书的初衷是为了探索这种奇怪的情况。这很自然地会让我反思自己的职业经历，于是不久我便发现自己写的还是一本回忆录。它讲述了一位数学家在数学学科的某个独特（且非常活跃的）角落里的故事。

我从事的数学领域是数值分析，我曾在 30 年前的一篇文章里这样定义数值分析：

数值分析研究的是连续数学问题的算法。

（这里的"连续"包含了实数和复数。）传统的观点认为，有些数学家可能会提出对多项式的根的一些理解，然后由数值分析专家开发出计算它们的算法。例如，当 $x = 1.105298546006169...$ 时，多项式 $x^5 + x^3 - 3 = 0$。我们如何计算这些数呢？这需要通过执行数值分析专家开发的算法。当然，数学家还发明了许多比"求解多项式的根"还复杂的问题，比如偏微分方程，它是很多自然科学的基础。数值分析专家的任务也是求解这些问题，科学家和工程师一直在用我们的方法。

牛顿[3]、欧拉[4]和高斯[5]在他们的时代里都是杰出的数值分析专家。当时，数学家有一部分工作内容就是计算，这是不言而喻的。但此后的情况发生了变化，数学的其他分支纷纷出现并蓬勃发展，其程度在那时是无法想象的。如今，大多数顶尖的数学家对计算不感兴趣，他们习惯性地避免计算，他们可能觉得从原则上讲，计算本身并不重要，因此不屑一顾。他们还做一些其他方面的研究，而像我这样的研究人员的论文也不会发表在像《数学年鉴》这样的顶级期刊上。与此同时，数值分析领域也在蓬勃发展，当然我们有很多自己的期刊。从人员数量上讲，干我们这行的人很多，大约占从事学术研究的数学家的 5%。在科学和技术方面，我们的影响力也很大。

我个人的运气非常好。我在牛津大学担任数值分析教授，这一职位可以说是该研究领域在世界范围内最引人注目的职位。这里的数学系很大，网站上列有 100 位教授，他们与哈佛大学、麻省理工学院、斯坦福大学、加利福尼亚大学伯克利分校、剑桥大学和普林斯顿大学的教授一样，都是顶级的。不过，这些大学都没有数值分析教席，但牛津大学有。我从 1997 年起就担任数值分析教授了。我们的数值分析组自 20 世纪 60 年代成立以来，一直是英国数值分析学科的领导者，并享誉世界。我个人也广为人知，我写的教科书和技术论文被广泛阅读。我是英国皇家学会院士，曾担任美国工业与应用数学学会主席，并且收获了许多大奖和荣誉学位。我还是贝利奥尔学院 [6] 院士，这所学院成立于忽必烈在位时期 [7]。

显然，我算是成功的，事实上可能已经到了极致。这看起来不像是一个觉得自己与数学脱节的人该有的样子。那么，这到底是怎么回事呢？

2

青少年时期的数学

当我还是个孩子的时候，就已经开始喜欢数学了。我在马萨诸塞州的莱克星顿长大，和大多数后来成为数学家的人一样，我发现在学校里很容易算对数学题——用英国人的话说就是"做加法"。尽管作为美国人，我仍然觉得这个表达很陌生。我记得练习卷上有空格，比如 5 + □ = 12，你得算出空缺的那个数。这很容易，但有趣的是，我的一些同学在这方面就不那么游刃有余。大多数数学家都有类似的记忆。

1965 年那年，我 9 岁。正在学术休假的父亲带着母亲、姐姐和我一起环游世界，这让我缺勤了林荫山学校的四年级课程。我们乘坐一艘只有 11 名乘客的货轮在太平洋上行驶了 28 天后，来到了澳大利亚悉尼。我进入了悉尼的海福斯小学，那里的数学也很简单。为了让我们和家乡的小伙伴保持同一水平，母亲教我和格威内思[8]英语，父亲教我们额外的数学知识。这对父亲而言并不难，因为他是塔夫茨大学的机械工程教授。事实上，在悉尼的那几个月里，他领导着一个团队，首次在南半球对浴缸做了排水实验，并在严格控制的条件下观察了科里奥利效应[9]。在我的记忆里，1965年5月，我们在从布里斯班开往雅典的"埃利尼斯号"客轮上。在那些悠闲的午后，父亲就在休息室里教我们数学。（当时我们穿过苏伊士运河，而两年后，运河因1967年战争[10]而关闭。）我们通过理解数轴上的小虫学习了负数。比方说，假设有一只小虫头朝左停在 –5 的位置，随后它向后跳 3 个单位。它会停在哪里呢？当然是 –2。这解释了为什么 $-5-(-3)=-2$，我觉得这既简单又有趣。当我 10 岁回到林荫山学校时，我有一种奇怪的感觉，单凭知道如何对负数做加减乘除运算就使我比班上其他同学领先了 3 年。

不过，我并没能超过纳特·富特[11]，这个红头发男孩在我不在的时候来到了我的学校。他和我都是林荫山学校 1970 届的数学天才。在七、八、九年级时，我们两个离开普通班，在鲍勃·劳勒老师的指导下学习课本以外的知识。我们学了很多代数知识。父亲从未教过我神奇的"因式分解"技巧，比如 $x^2-2x-3=(x+1)(x-3)$，而纳特则从他哥哥乔治那里学过。我们也学了三角函数，所以我擅长正弦函数和余弦函数。在没人看着我和纳特上数学课时，我们往往会很吵闹，我记得我还和劳勒老师就数学问题发生过争执。他告诉我 1 除以 0 是"无意义的"，而我觉得这太愚蠢，显然应该是无穷。

15 岁时，我和纳特进入了一所优秀的高中——菲利普斯·埃克塞特学院[12]。即便在 20 世纪 70 年代，学校的数学教师中也已经有了 3 位博士。第一天的第一节课教的是微积分，大部分学生都是毕业班的。在课堂里，林奇老师在黑板上认真地用极限的 $\epsilon-\delta$ 定义告诉我们什么是函数的导数。哇！我简直大开眼界，而纳特已经从乔治那里学过了。导数看起来真的是那么回事儿，需要集中精力思考，我记得我当时想，倘若在高中学习阶段，了不起的概念都能以这样的速度呈现的话，那将会是一段相当紧张的经历。那年春天，我和纳特通过了大学预修课程"微积分 BC"的考试。

同年，我迷上了计算机，因为埃克塞特学院的电传打字机与达特茅斯的分时操作系统是连着的。一开始，我觉得人人都在用，我没必要去凑这个热闹，但几周后我试了一试，就不再这样认为了。用它来解决数学问题显然是值得探索的事情，我记得我写了一系列 BASIC 程序来打印质数 2、3、5、7……，而这些程序的效率也一个赛过一个。由于终端不够多，我经常不吃午饭去占空位，不过回想起来，我只有一天午饭和晚饭都没吃。

然后又是一个休假年，我和父母再次环游世界。特别是史蒂夫·莫勒的加入，使这段经历更加丰富多彩。莫勒是一名教师，也是普林斯顿大学的博士生。在埃克塞特学院的第一年，我和他，以及纳特在埃尔姆街食堂吃早餐的次数最多，因此我们成了朋友。莫勒先生把 33 个"世界之旅难题"整到一起，让我在旅行时解决，这些问题成了我高二那年的主题。然而，我只解决了其中的五六个问题，我觉得这是自己能力不足的表现。在莫勒先生的建议下，我还学习了由费勒撰写的概率论经典著作[13]的前几章，它们真是太精彩了。我们全家在去澳大利亚的途中曾在西雅图停留了4个月，于是我在华盛顿大学选修了一门非常呆板的线性代数课程，还选修了一门荣誉分析课程，任课老师是很善于激励学生的卡尔·艾伦多弗[14]教授。与我同时代的比尔·盖茨[15]当时正住在离我们大约一英里远的地方。他在湖滨学校[16]上学，除了其他活动之外，也学着类似的高等数学，但那时我还没有听说过他。

在埃克塞特读高三的时候，我和纳特都踌躇满志。第一学期，我们用弗雷利的课本[17]从戴维·阿诺德那里学习了抽象代数，这是我所拥有的最激动人心的数学经历。群的定义真是太美丽了！阿诺德先生让我和纳特做一个关于西罗定理的专题。在最后一个学期，我们学了一门课，这门课后来被证明对我的职业生涯很重要。我们可以选择任何一个想学的课题作为"现场研究课程"。我们选择了复分析，也就是关于由实数和虚数组成的数以及由这些数构造的函数。我们的老师叫戴维·罗宾斯，这个人非常特别，他在去美国国防分析研究所之前曾教过几年书，而我们用的课本是丘吉尔的经典著作[18]。在这门课上，我记得我比纳特学得好，这样的感觉真好。罗宾斯老师曾在一次测验中出了这样一道题：有一只蚂蚁先移动一个单位，接着左转30度后又移动半个单位，然后再左转30度移动四分之一单位，以此类推，最后它会停在哪里？（8年之后我又遇到了小虫！但这次它出现在复平面上，不再仅仅向前爬或向后爬，而是可以向四面八方爬。)我记得当时自己很高兴,因为我发现这是一个幂级数,而纳特没发现。不过,总体来说,我和纳特差不多都是不相上下的全才。毕业时,他的成绩全班第一,我是全班第二。我得了数学奖。尽管莫勒先生表示反对(他觉得人必须交一些新朋友),我们还是决定继续在哈佛大学做室友。

当我 18 岁时,我觉得自己毫无疑问将成为一名数学家。我记得在上哈佛大学之前的那个夏天,我开车去离莱克星顿的家几英里远的公园时,还随身带了赫斯坦的抽象代数教材[19],这样我就可以深入学习这门课了。但这并没有成为现实,因为我在大太阳的照射下困得不行。

许多数学家的早年经历都是这样的。我们中的大多数人发现,在一两位特殊的老师的帮助下,自己学好这门课并不需要花费多少功夫。通过这样或那样的方法,我们最终都能学会超出常规课程的知识。1973 年,我在新罕布什尔州的高中数学考试中夺得第一,并获得了有史以来的第一个满分,纳特则是第二名。但我在这之后的美国高中生数学奥林匹克竞赛中考得并不理想。总而言之,我表现很棒,但并不算出众。我也没有接受过任何校外数学培训,而许多孩子已经从这类培训中尝到了甜头,这些培训后来成了一个产业,比如暑期数学夏令营和竞赛指导班。在支持我的父母、优秀的老师,以及一位和我旗鼓相当的好朋友兼竞争对手的鼓励下,我只是对钻研数学这件事情满怀热情。

　　我在埃克塞特高三的那年还发生了一件有趣的事情。我抓住了进入这样一所特别学校的机会，却从未认真考虑过留在家乡莱克星顿会怎样。在那一年的全国高中数学测试中，埃克塞特在新英格兰排名第二，而莱克星顿高中排名第一！我们开玩笑说，倘若我留在家乡，那么排名可能就会发生反转。

　　18 岁的我没有任何理由去质疑数学的任何方面。数学是用来学习和研究的，而我是一个学生。高手们已经深耕许久，我有幸能有机会了解他们的一些发现。我也没有想到，在某一天，关于"纯数学和应用数学"的思辨会对我产生至关重要的影响。

3

菲尔兹奖：获奖者们对我的影响小得不可思议

让我们向后倒退半个世纪。截至 2018 年，共有 60 人获得了菲尔兹奖[20]。这些获奖者是"数学之神"，都非常杰出，其中有些人的光环远不止于此，他们更是出类拔萃。我在此列出这 60 位获奖者的名单。

1936 年 拉尔斯·阿尔福斯[21]

1936 年 杰西·道格拉斯[22]

1950 年 洛朗·施瓦茨[23]

1950 年 阿特勒·塞尔伯格[24]

1954 年 小平邦彦[25]

1954 年 让－皮埃尔·塞尔[26]

1958 年 克劳斯·罗斯[27]

1958 年 勒内·托姆[28]

1962 年 拉尔斯·霍尔曼德尔 [29]

1962 年 约翰·米尔诺 [30]

1966 年 迈克尔·阿蒂亚 [31]

1966 年 保罗·寇恩 [32]

1966 年 亚历山大·格罗滕迪克 [33]

1966 年 斯蒂芬·斯梅尔 [34]

1970 年 艾伦·贝克 [35]

1970 年 广中平祐 [36]

1970 年 谢尔盖·诺维科夫 [37]

1970 年 约翰·汤普森 [38]

1974 年 恩里科·邦别里 [39]

1974 年 大卫·曼福德 [40]

1978 年 皮埃尔·德利涅 [41]

1978 年 查尔斯·费夫曼 [42]

1978 年 格雷戈里·马古利斯 [43]

1978 年 丹尼尔·奎伦 [44]

1982 年 阿兰·孔涅 [45]

1982 年 威廉·瑟斯顿 [46]

1982 年 丘成桐 [47]

1986 年 西蒙·唐纳森 [48]

1986 年 格尔德·法尔廷斯 [49]

1986 年 迈克尔·弗里德曼 [50]

1990 年 弗拉基米尔·德林费尔德 [51]

1990 年 沃恩·琼斯 [52]

1990 年 森重文 [53]

1990 年 爱德华·威腾 [54]

1994 年 让·布尔甘 [55]

1994 年 皮埃尔 – 路易·利翁 [56]

1994 年 让 – 克里斯托夫·约科兹 [57]

1994 年 叶菲姆·泽尔曼诺夫 [58]

1998 年 理查德·博切尔兹 [59]

1998 年 蒂莫西·高尔斯 [60]

1998 年 马克西姆·孔采维奇 [61]

1998 年 柯蒂斯·麦克马伦 [62]

2002 年 洛朗·拉福格 [63]

2002 年 弗拉基米尔·沃沃斯基 [64]

2006 年 安德烈·奥昆科夫 [65]

2006 年 格里高利·佩雷尔曼

2006 年 陶哲轩 [66]

2006 年 温德林·沃纳 [67]

2010 年 埃隆·林登施特劳斯 [68]

2010 年 吴宝珠 [69]

2010 年 斯坦尼斯拉夫·斯米尔诺夫 [70]

2010 年 赛德里克·维拉尼 [71]

2014 年 阿图尔·阿维拉 [72]

2014 年 曼纽尔·巴尔加瓦 [73]

2014 年 马丁·海尔 [74]

2014 年 玛丽安·米尔札哈尼 [75]

2018 年 考切尔·比尔卡尔 [76]

2018 年 阿莱西奥·菲加利 [77]

2018 年 彼得·朔尔策 [78]

2018 年 阿克萨伊·文卡特什 [79]

我虽然没有那么出色，但请记住，我是数学界的一个大分支学科的领军人物，也是 15 个世界顶尖的数学系系主任中的元老。那么，你知道我读过多少菲尔兹奖获得者的著作吗？

答案是只有一本。那就是阿尔福斯写的教程——《复分析》。这本书让我大受启发，是我在哈佛大学二年级的数学 213a 课程中读的。除此之外，我还读过塞尔、霍曼德尔、米尔诺、阿蒂亚、斯梅尔、利翁和陶哲轩的一些文章。但在这 60 个人里，86 年前的菲尔兹奖得主阿尔福斯是唯一一位写了我几乎能读完的作品的人。

随着时间的推移，所有的智力活动领域都变得越来越专业化，做出贡献的人也越来越多，但这种情况仍然非常极端。你能想象一个从未读过托马斯·曼[80]、海明威[81]、马尔克斯[82]、莱辛[83]或莫里森[84]的作品的小说家，或是一个从未读过萨缪尔森[85]、阿罗[86]、弗里德曼[87]、卡尼曼[88]或克鲁格曼[89]著作的经济学家吗？

有一部分的影响与纯数学和应用数学的差异有关，这一方面我会在后面一直讲。我是应用数学家，而这些菲尔兹奖获得者都是纯数学家。按照官方说法，菲尔兹奖是"数学"奖，但大伙儿都知道，应用数学并不算"数学"，尽管并没有谁这样写过。许多获奖者可能会说他们只是数学家，所谓"纯数学和应用数学"的差别只不过是错觉，我稍后会对这种观点说几句。在菲尔兹奖获得者中，对应用数学的贡献最明显的可能是大卫·曼福德，但那是在他获得菲尔兹奖之后的事情了。他从 45 岁开始，基本上把这当作了在第二所大学的副业。

但是对纯数学和应用数学的对比还不足以解释像我这样的数值分析专家和数学领域的权威人士之间的关系。人们可能认为应用数学家类似于实验物理学家，他们不是理论物理学家。但你能想象一个实验物理学家从未读过爱因斯坦[90]、薛定谔[91]、贝特[92]、费曼[93]或格拉肖[94]的论文吗？（我决定在这个问题上搜集一些数据，于是问了几个在实验物理领域的朋友，了解他们的阅读情况。读过上述 5 个人的 5~10 部作品的情况最普遍。）

这并不是说菲尔兹获得者对我没产生过任何影响。我与阿尔福斯（我本科论文的审读者）、斯梅尔、曼福德（在哈佛大学教过我数学 250b)、寇恩（在斯坦福大学做过我的教授）、高尔斯、陶哲轩、斯米尔诺夫和海勒都有过交流。我也听过阿蒂亚、费夫曼、瑟斯顿、丘成桐、唐纳森、威腾、利翁和维拉尼的讲座。我对汤普森、沃纳、佩雷尔曼和米尔札哈尼的部分成就有所了解。但用数学的行话来说，这些人对我的影响是 ε。不管他们对谁的影响有多大，哪怕大到能获得菲尔兹奖，那个受影响的人都不会是牛津大学的数值分析教授。当然，他们也很少受到我的影响。如果能知道这 60 个人中有多少人读过我的著作的话，那大概会很有意思。在没做这方面调查的情况下，我估计这个数字大约也是 1。

有些菲尔兹奖获得者过着光鲜亮丽的学术生活，在各地发表精彩的演讲，但有一个人不同寻常，他就是隐居的丹尼尔·奎伦。我们之间有一种很奇特的联系。我和奎伦曾在同一个数学系，这种情况不是一次而是两次——先是在麻省理工学院，后来在牛津大学，直到他 2006 年退休——而我却从未与他谋面。

4

哈佛大学的本科阶段：选择数值分析

在哈佛大学，我和纳特是两位数学新星。哈佛的校风是：高级课程，高级课程！对数学认真的人不会沦落到去学像"数学21"（线性代数）那样的低级课程。我第一次听到线性代数中的"特征值"这个词是在物理课上。而特征值在我的职业生涯里扮演了重要角色。

包括比尔·盖茨在内的大多数高手都选修了由约翰·马瑟教授开设的传奇的"数学55"。然而，经过充分的利弊讨论后，我和纳特决定不选这门课，我们改选了由尼尔·费尼切尔教授的三年级分析课程"数学105"。为此，我们孜孜不倦地仔细研读了迪厄多内[95]的《现代分析基础》的开头几章。按照布尔巴基[96]的传统和名号，迪厄多内在书的开头就宣称，书里不会有数，因为数会导致不严谨的思维。他写了下面这段话：

因此，至少在形式证明方面，我们必须严格遵守公理方法，而不使用任何"几何直观"：我们特意在书里不使用任何图示，以此来强调这件事的必要性。我认为，如今的研究生若是希望理解数学研究的最新进展，就必须尽快全面地训练这种抽象的、公理化的思维方式。

我要补充一句，在后来的几十年中，甚至纯数学家群体也对布尔巴基的这种观点失去了兴趣。

迪厄多内的书仍然摆在我的书架上，前面几章的每一行都有我用橙色、黄色和蓝色笔做的标记，以区分定义、定理和其他一些重要知识点。那是一门大课，有40多个学生，我和纳特的成绩是4个A+中的两个。我们同期还和史蒂夫·鲍尔默[97]、吉姆·塞特纳[98]等人一起上了"物理55"。我在哈佛大学的每个学期都选修了数学和物理，从这些课程中所学到的知识为我的职业生涯打下了基础。一般来说，我的数学课程成绩是A，而物理课程成绩是A-，我觉得这个规律恰如其分地反映了我的特长。

在大一结束时，纳特决定转到社会科学专业，这是一个重大的转变。在那之前，我们从10岁起就一直学着几乎完全相同的课程。1974年后，我们各奔前程，他跟着他的父亲进入商界，而我跟着我的父亲进入了科学和学术领域。就像大多数哈佛大学毕业生一样，纳特在他的职业生涯中赚的钱比我多得多，不过大多数情况下我的钱还够花，尽管我注意到了这方面的差距，但它并没有对我造成什么困扰。

在大二的时候，那些认真学习的年轻数学人——不过纳特缺席了——赶忙上起了研究生课程。我选修了由巴里·梅热[99]和拉乌尔·博特[100]合作的复分析（"数学213a/b"）课程，以及由约翰·泰特[101]和大卫·曼福德合作的抽象代数课程（"数学250a/b"）。虽然当时我没有完全体会到，但后来我发现，向这一热情的四人组学习数学，就像听约翰、保罗、乔治和林戈[102]讲解摇滚乐一样。我非常喜欢这些教授，而这一年也过得非常紧张。学习可真的不容易，在这些班里有许多研究生，他们懂的比我多，其中还有普特南数学竞赛[103]的优胜者。我发现还有两个本科生的数学比我好：一个是大我一岁的汤姆·古德威利，他现在是布朗大学的教授；还有一个是比我小一岁的纳特·库恩，他是科学哲学家托马斯·库恩[104]的儿子，现在是波士顿地区的一名精神病学家。

泰特教的"数学250a"是我唯一和比尔·盖茨一起上过的课。课程安排在周二和周四上午稍晚的时候，课后我们一群人会一起去吃午饭，基本上是我、比尔、道格·克里奇洛（如今在俄亥俄州立大学）、纳特·库恩、汤姆·古德威利，以及一个叫杰克的人——这个人姓什么我想不起来了。有时我们会在比尔的柯里尔宿舍吃饭。比尔瘦削、敏捷、自信。在某次午餐会上，比尔夸海口说他打字的速度无敌，因为他整天都要用到键盘。我坚决不相信，所以要和他赌个输赢。于是我们来到他的房间，在两个目击者的见证下看谁打得更快。我的盲打速度显然胜过他看着键盘打字的速度。

在哈佛大学，班上另一个令我难忘的人是保罗·金斯帕格[105]，他是一位令人印象深刻（也更自信）的年轻物理学家。金斯帕格后来创建了 arXiv，这是一种电子印本知识库，它开启了开放存取出版的新时代。

在这个紧张的大二学年末，我走到了人生的分岔口。和年轻的数学家一样，我一直以为自己会走向纯数学之路。毕竟，这是数学的核心，是个人可以留下永久印记的道路。我记得自己当时想，在有些人还仅仅停留于解析数论或代数数论时，我比他们更严肃认真，而且觉得自己将成为这两个方面的明星。

到大二结束时，所有这些想法都烟消云散了，我决定把重点放到应用数学上。这么多年过去后，我惊讶地发现自己很难回想起当时改变想法的细节。我觉得那时自己有一种感觉，就与世界的联系而言，应用数学比纯数学更紧密。毫无疑问，我父亲对我的影响起到了一定作用。我并不是说他试图用各种方式说服我，而是在我的童年和青少年时期，正是他把我塑造成了一个探讨科学问题的思想者。在他的影响下，我一直觉得数学是包括物理、化学和工程在内的科学谱系中的一部分。（不过我觉得当时我并没有认真对待生物学。）

所以我从数学专业转到了应用数学专业，并计划从秋天开始学习应用课程，其中一门是"应用数学 211"——一门有关数值分析的研究生课程。唐·罗斯采用了福赛思和莫勒合著[106]以及达尔基斯特和比约克[107]（其中的 3 位我后来非常熟悉）合著[108]的精彩教材，积极、认真地向我们传授知识。我为此做足了准备，因为我已经为霍华德·埃蒙斯[109]的家庭消防项目编了好几年 Fortran 程序——上课期间每周工作 10 个小时，暑假则全职工作。顺便说一句，除了比尔·盖茨，在哈佛大学 77 届毕业生中，可能只有三四个人拥有和我一样丰富的编程经验。

　　这就是我所发现的。数值分析是应用数学的核心、数学的核心、科学的核心。记得在工程科学实验室使用 PDP-8[110]的某个深夜，我终于用自己编写的 Fortran 程序，通过打靶法解决了一个边值问题。它收敛了，正确的数值结果得意洋洋地出现在那里。1975 年 11 月 4 日，在我 20 岁刚过几个月的时候，我在自己的每日索引卡上写道："'应用数学 211'，我喜欢这门课。"

5

数值分析的古怪名声

数值分析是我愿意为之献身的领域。这个学科看起来只是众多数学子学科里的一个，如果你浏览我们系在网站上列出的研究组清单，就会发现它是 16 个子学科中的一个。然而，在摸爬滚打了 40 年后，我对数学有了一些特殊的认识。我们这些做数值分析的人都在看现场表演。这些表演就在我们的屏幕上，在我们的指尖，是我们让它们上演。这段经历所带来的能量让我坚持了一个又一个十年，为什么没有更多的数学家意识到数值计算是探索数学的一种不可或缺的方法呢？这对我来说是一个挥之不去的谜团。

曾有一个熟悉我的朋友在我读研究生的头几个月里问我："你开始学复变函数了吗？"

但是我想在这里评论一下关于数值分析的公关宣传问题。这些观点源于我 1992 年写的一篇文章，我在前面谈"数值分析的定义"时曾提到过它 [111]。1998 年，我在牛津大学的就职演说中也说过。

计算机在处理 π 或 $\sqrt{2}$ 这样的实数时，它们的精度通常会近似到

16 位。近似值会包含所谓的舍入误差。只要是数值计算，这种误差就不可避免。舍入误差有其自身的趣味，但就通常的数学意义而言，它们是非常丑陋的，然而，这种丑陋却莫名其妙地被当作了数值分析的本质。在写那篇文章时，我在字典上查阅了有关数值分析的定义，并把这些令人沮丧的结果摘录如下。

《新韦伯斯特大学词典》（1973）：关于数学问题的定量近似解的研究，内容包括误差及其范围。

《钱伯斯 20 世纪词典》（1983）：对近似方法及其准确性等方面的研究。

《美国传统词典》（1992）：对数学问题近似解及其潜在误差的研究。

这是多么令人乏味啊！我在就职演讲中，打了一些有趣的比方。如果其他领域的宣传水平和我们一样，它们就会写成下面这样。

航空工程：能够快速、可靠地减小乘客初始位置误差的飞行器设计。

教育：开发关于测量儿童和成人无知程度的方法，并尽可能地降低他们的无知程度。

医学：对人类死亡及延缓死亡的方法的研究。

我想我知道这些可怜的数值分析定义是怎么来的。计算机时代初期，我们这一领域的领导者，特别是吉姆·威尔金森[112]和乔治·福赛思，发现舍入误差有时会导致意外，最终结果的误差可能比预想的误差大得多。他们沉迷于这种效应，并下决心把它告诉全世界。小心，计算机可能会让你"翻船"！我是多么希望他们的这个警告没那么有效呀！因为对这门学科而言，更主要的是如何正确地计算数值——通常还是以惊人的速度和不显眼的方法进行的。正如我之前提到的，下面是我更喜欢的定义：

数值分析研究的是连续数学问题的算法。

你可以添加限定条件，特别是，有许多人会将该领域的应用部分称为"科学计算"，但这个定义是和问题的本质相关的，其重点是算法，而不是舍入误差。倘若不存在舍入误差，仍有 90% 的数值分析内容能够留下来。*

许多年过去了，我的文章已经有了一些影响，通过采用 IEEE 浮点运算标准，舍入误差的情况也已得到了改善。一些较新的教科书不再从一开始就强调舍入误差了，而在维基百科上，关于数值分析的定义也变成了我可能会写的那种[113]。数据科学 / 机器学习的革命

---

* 这个估计在 2002 年由 SIAM 举办的"100 美元—100 个数"挑战赛中得到了证实，稍后我会详细介绍。参赛者必须计算 10 个数，每个数的精度都达到 10 位。在这 10 个问题里，恰巧有一个依赖舍入误差，对那个问题而言，好的解决方案需要扩展精度的计算机运算。

也在提高人们对数值算法的兴趣，在此之前的几十年里，许多数学家和计算机科学家都在回避。事实上，经过多年的发展，计算机科学如今已变得越来越数值化，因为人们发现经过优化的数值方法在所有意想不到的新场景下也是有效的。愿这种进步可以保持下去。

6

离散和连续

离散数学和连续数学之间的区别很复杂，有时候它们很难界定，但确实非常重要。我认为它们的差异与纯数学和应用数学之间的一样大。就我个人而言，前者的差异可能更大，因为我认为自己有资格对纯连续数学发表意见，但在离散数学方面，不管是纯数学还是应用数学，我都插不上话。

离散和连续源于计数和测量的区别，它与代数和分析的差异有关。我第一次听说这种区别是在埃克塞特读高三的时候，当时我和纳特花了几天时间去拜访我们的朋友埃里克·安德森的新生宿舍，想看看哈佛大学的生活是什么样的。我和埃里克的一个同学聊天，他说了一句很有见地的话。他说，作为数学家，你必须做出的第一个决定便是，你到底是代数学家还是分析学家。

我当时并不知道自己是哪一种，但经过这么多年，我逐渐认识到自己一直是分析学家。对我来说重要的是实数、复数以及与它们相关的函数。代数学和组合学的结构对我而言是某个遥远的星系，我只能透过望远镜去欣赏它。如果我对数学忧心忡忡，我想那一定是连续数学。我没有理由担心离散数学。*

如果你再看一下数值分析的定义，就会发现"连续"这个词暗示了在另一个领域里也有一个对应的定义：

数值分析研究的是连续数学问题的算法。

显然，另一个领域的定义应该是：

_____ 研究的是离散数学问题的算法。

这里的空白处应该填什么呢？答案是计算机科学，或者至少是这门学科的经典部分之一。算法研究是计算机科学的核心，这一观点是由斯坦福大学的高德纳[114]在20世纪60年代提出的。高德纳在计算机科学领域的地位就像诺姆·乔姆斯基[115]在语言学领域的地位一样。他对算法的分析令人激动，其分析在智力上也很深入，计算机科学这门学科便由此诞生了。高德纳是我的朋友，在我的职业生涯中，我一直受到他的启发和鼓舞，但他本质上是一位离散数学家，

---

* 话虽如此，有一件事确实让我很困惑。正如我去年在《伦敦数学学会通讯》上的"一位数值分析专家的笔记"专栏中所讨论的，在计算数学里，虽然单变量多项式无处不在，但多元多项式并不常见。然而多元多项式恰恰是代数几何的主题，它是纯数学中声望最高的领域之一，有10个菲尔兹奖与之相关。这是怎么回事呢？

他和他的圈子在对计算机科学做学术定义时，基本上没考虑连续算法。相比之下，上一代计算机先驱阿兰·图灵[116]和约翰·冯·诺依曼[117]则对离散数学和连续数学都很精通，不过他们都在20世纪50年代就英年早逝了。

这就导致了一种奇怪的情况。从本质上讲，你可能会认为数值分析应该属于计算机科学，因为它研究的是计算。然而，计算机科学家大多接受的是离散数学的训练，而非连续数学。另外，物理学家、化学家和工程师因为工作需要，接受的是连续数学的训练。因此，在计算机科学系工作的数值分析专家有时会发现，他们可以和每个科学或工程学系的同事交流，但和同系的同事沟通就比较困难。

不过，近来在计算机科学系很少见到我们了。计算机科学系在20世纪60年代初创时，大约有一半的先驱是数值分析专家，比如普渡大学的瓦尔特·高奇[118]和约翰·赖斯、斯坦福大学的乔治·福赛思和吉恩·戈卢布[119]、慕尼黑工业大学的弗里茨·鲍尔[120]、苏黎世联邦理工学院的爱德华·施蒂费尔[121]和海因茨·鲁迪豪瑟[122]、悉尼大学的约翰·本内特[123]、伊利诺伊大学香槟分校的比尔·吉尔[124]、多伦多大学的汤姆·于尔[125]、斯德哥尔摩皇家理工学院的耶蒙德·达尔基斯特和牛津大学的莱斯利·福克斯*。那时，《美国计算机协会期刊》上大约有一半的论文是关于数值分析的。后来一切都变了。

---

* Leslie Fox，英国数学家，牛津大学第一任数值分析教授。比尔·莫顿（Bill Morton）是第二任，我是第三任。

如今，改名后的《ACM 期刊》很少发表数值分析论文，在大多数大学，数值分析已经回到了数学系。牛津大学是在我的任内（2009 年）调整的。在调整前的一两年，计算机科学系主任在科研评估总结报告的草稿中写道，如果数值分析组从计算机科学系转到数学系，两个系都将得到改善。我震惊于这种愚蠢的侮辱，在定稿时把它给删了。倘若能将这颗"宝石"留在历史记录中，那该多好啊！

7

图灵奖：我在数学和计算机科学之间的游荡

我在 2019 年写过一段关于离散和连续问题的索引卡，关注点是图灵奖，它是计算机科学的最高荣誉。从理论上讲，计算机科学的范围是包括数值分析的，所以按理说，数值分析专家当然有资格获奖。那么，在 72 位获奖者里有多少是数值分析专家呢？如果算上理查德·汉明 [126]（1968 年），那么答案是 3 位。另外两位"正式数值分析专家"分别是吉姆·威尔金森（1970 年）和威廉·卡亨 [127]（1989 年）。请注意，这些分别是在 54 年、52 年和 33 年前的事了。威尔金森和卡亨的获奖原因强调的是他们对舍入误差问题的贡献，这 10% 的数值分析工作被人们误以为就是数值分析的全部。

奇怪的是，虽然我只读过一部菲尔兹奖获得者的作品，但我读过的图灵奖得主的作品大概有 15 部。据此，你可能会把我当作计算机科学家。此外，我的经历也可以证明我是计算机科学和数学的完美结合：

哈佛大学本科生（1973 年～1977 年）：数学系

斯坦福大学研究生（1977 年～1982 年）：计算机科学系

纽约大学博士后（1982 年～1984 年）：数学和计算机科学系

麻省理工学院助理教授、副教授（1984 年～1991 年）：数学系

康奈尔大学副教授、全职教授（1991 年～1997 年）：计算机科学系

牛津大学教授（1997 年至今）：先在计算机科学系，随后转入数学系

不过，我的著作和论文表明了我的心之所向：我是一名数学家。

8

纯数学与应用数学

是时候说说纯数学和应用数学了。我曾就二者之间的划分发表过几篇文章，比如 2011 年 4 月就有一篇发表在《美国工业与应用数学学会新闻》的"学会主席"专栏里。这是一个会令所有数学家都有意见的划分，也是个令人尴尬、很难处理的问题。在牛津大学的安德鲁·怀尔斯[128] 大楼里，为了避免纷争，我们曾用很委婉的说法："北翼"数学和"南翼"数学。该建筑于 2013 年投入使用，在那之前，人们曾讨论过随机分配办公室，以增进不同领域之间的互动，但这个想法没有坚持太久，纯数学家最终聚集在中央公共休息室的北翼，而应用数学家则在南翼。

和预想中的一样，大多数应用数学家关心的是科学应用。在我们南翼有一个叫作"OCIAM"的大型研究组，即牛津大学工业和应用数学中心（Oxford Centre for Industrial and Applied Mathematics），它最早是研究固体和流体力学的。我们还有沃尔夫森数学生物学中心（Wolfson Centre for Mathematical Biology）和数学与计算金融组。

这些研究组的工作覆盖应用数学、力学、电磁学、生物学、金融等领域。"建模"是这里的关键词，因为这种类型的应用数学家从事的是利用数学来针对自然、社会，以及电子空间建模。我们预期研究所需的数学大多数已经存在，例如偏微分方程的知识，而涉及的基本科学定律也是有的，例如电磁学领域的麦克斯韦[129]方程组。根据公认的简化的思维方式，应用数学就是把这些内容以特殊的方式整合起来，从而理解那些非平凡的现象。

这不是我的工作。（在我的职业生涯中曾有两次例外，它们分别是 20 世纪 90 年代的"湍流转捩"问题[130]和 20 年后的"法拉第笼"问题[131]。）我的工作是研发**方法**而不是**建模**。虽然不是所有数值分析专家都是这样，但他们中的许多人和我一样。有人说，我们关注的是"可应用的"数学，而不是应用数学。

这种情况没有什么不对，也并不奇怪。数学工作者中应该有一些对建模感兴趣，还有一些对方法感兴趣，这是完全合理而且恰当的。事实上，在 OCIAM 和牛津大学的其他应用组中，你会找到同时从事这两方面工作的研究人员，如渐近分析"魔术师"乔恩·查普曼。但主攻方法的人是少数。

我记得 20 世纪 80 年代，当我还是麻省理工学院的助理教授时，有一天我和哈维·格林斯潘[132]在吃午餐时，讨论过建模与方法的问题。格林斯潘是重要的组员，也是流体力学方面的专家，他说数值分析并不是一个严肃的研究课题。这种感觉曾经深深根植在某些人的心里，他们的想法显然是，一个优秀的科学家可以根据需要不费吹灰之力地找到计算方法。幸好，你不会再遇到这种观点了。但是，在应用数学家群体中仍然认为这是事实，但从数值分析专家的角度看，这个"事实"有时候还是有些差距的。当应用数学教授兼OCIAM 主任阿兰·戈里耶利给我看他的《牛津通识读本：应用数学》的草稿时，我发现关于数值计算给人们的印象是：关于数值计算，首先必须知道数值结果经常是错的！这再次体现了我们的宣传水平。戈里耶利是个好朋友，当我指出这看起来很奇怪时，他很快就把它给改了。

在科学领域和工程领域，数值分析的用处是毋庸置疑的。在麻省理工学院以及后来的康奈尔大学，我教的是数值线性代数和偏微分方程数值解的研究生课程，这些课的学生由来自十几个系的博士生组成，因为所有科学领域都要用到这些技能。在牛津大学，博士生是没有跨系课程的，但从 1999 年开始，我决定开设这样的课，课程的标题叫"面向博士生的科学计算"，一共上两个学期。这门课我在牛津大学教了 10 次，有 500 多位来自数学、物理学和生命科学系的学生听过。

9

5 个数学领域

我 需要讨论 5 个数学领域，排在前面的是长期与我的职业生涯有关的 4 个领域。我认为它们属于人类不朽的成就。尽管我已在其中摸爬滚打了几十年，也曾遇到过各种问题，但我和它们的关系在某些方面很奇怪，让我不太舒适。通常情况下，我原先一直觉得是我自己的问题。然而最近，我开始怀疑起来。

（1）**逼近论**：从我的本科论文开始。

（2）**复分析**：从戴维·罗宾斯的高中课程开始。

（3）**实分析和偏微分方程**：这是我在斯坦福大学的博士论文的主题，也是数值分析的核心。

（4）**泛函分析**：1989 年 ~ 2004 年，在我的"伪谱时期"主要研究矩阵和算子的特征值和谱，它们属于泛函分析的核心内容。在此后的"Chebfun 时期"，我一直在研究线性代数中的离散概念的连续化推广，从表面上看，这就是泛函分析的定义。

　　这 4 个领域涵盖了数学分析的大部分内容。几十年就这样过去了！我还想说的是第 5 个领域，对它的研究虽是最近的事情，但对我来说依然很重要。

　　（5）**概率和随机过程**：这和我的工作有关，它让我在 2016 年开发了 Chebfun 的 `randnfun` 命令。

10

实验室数学

在讨论那些领域之前，我想先说一下自己是如何研究数学的。我的习惯是在哈佛大学时养成的，当时我正在加勒特·伯克霍夫[133]的指导下写毕业论文《复平面上的切比雪夫[134]逼近问题》。伯克霍夫教授的办公室在数学图书馆后面，办公室的墙上挂着一张鳄鱼皮，他每周和我讨论半个小时，不过论文题目是我自己选的。不管怎样，在更资深人士的指导下，我几乎没费多大力气。

然而，伯克霍夫确实提了一个很好的建议，他说我应该和布朗大学的菲尔·戴维斯[135]谈谈。我和他约了见面时间，便驱车前往罗得岛的普罗维登斯。戴维斯教授既聪明又和蔼。在听了我的问题后，他从书架上取出一篇福尔克尔·克洛茨刚刚在《逼近论杂志》上发表的论文。论文是用德语写的。"你不懂德语？"戴维斯问道，"你应该懂德语！"这对我来说是一个改变人生的建议，因为我一直不想学外语，认为这是不那么严肃的人才做的事情。那年夏天，我开始学德语，从那以后，德语成为了我生活的一部分。后来我又学了法语。

21 岁对任何人来说都属于奠基期，毕业论文奠定了我职业生涯的模式。我擅长计算机编程，自然应该探索"用复切比雪夫逼近可以做什么样的计算"这样的问题。1977 年春天，我有了方向，那就是**做数值实验**。不管是什么课题，我都用计算机为我指路。这对我研究算法和理论问题很管用。例如，在研究克赖斯[136] 矩阵定理或克鲁佐[137] 猜想的过程中，倘若不进行计算，我无法想象自己会一直保持在正轨上。长期以来，我一直惊叹于大多数数学家是如何在不利用这种帮助的情况下证明定理的。（这也是他们必须非常聪明的原因。）

我在 21 岁时第一次用这种方法——用 Fortran 代码绘制了复切比雪夫逼近的误差曲线。图形结果让我获得了令人激动的发现，这些曲线几乎是圆形的。圆周的精度不只是百分之几，而是一百万分之一、一万亿分之一！我是第一个发现它的人，因为我是第一个做这个实验的。在苏黎世大学和斯坦福大学的一两年时间里，我完成了一个定理的证明。它建立在 1925 年的一项成果的基础上，该项成果是我在图书馆的一本书里发现的。定理推出了一种新结构，我称之为卡拉特奥多里－费耶尔[138] 逼近，它被证明和其他正在研究的课题有关，而这些课题后来被称为 AAK 理论和汉克尔[139] 范数逼近。它还让我发现了数 9.28903…，这个数如今被称为阿尔方[140] 常数（其实是它的倒数）。你可以发现，像这样卓有成效的早期研究经验将会起到持续性的作用。

　　类似地，在我的博士论文《偏微分方程有限差分格式中的群速度》里也有很多定理，它们都来自于计算实验。这些实验提醒我注意在数值离散化中出现的某些令人吃惊的群速度效应。我意识到这可以解释著名的古斯塔夫松[141]、克赖斯和松德斯特伦的稳定性理论的物理基础。正是在准备这篇论文的过程中，我养成了在研究一个课题时写研究备忘录的习惯。备忘录有三四页，通常用数据来表示数值实验。我的"波"系列备忘录从"1. 有限差分格式的波速"（1980 年 5 月 25 日）开始，一直写到"49. 用于口头答辩的幻灯片"（1982 年 4 月 6 日）。40 年后的今天，我刚刚完成了 Rat203，它是关于有理函数的"有理备忘"系列的最新一篇。

　　第 3 个例子是我之前提到过的"伪谱时期"。它是从计算机的"点图"里衍生出来的，揭示了非正规矩阵（如非对称的特普利茨[142]矩阵）的特征值是如何在对矩阵稍加扰动后散成云状的。我渐渐开始发现扰动特征值不仅揭示了扰动问题，更重要的是，它们还蕴含了那些未扰动状况的信息。这就是伪谱理论的发端。我发现在许多涉及非对称矩阵和算子的领域里，特征值并不具有通常认为的意义。这最终催生了马克·恩布里[143]的 *Spectra and Pseudospectra*（《谱和伪谱》）一书。有时候，我觉得我的整个职业生涯就是研究计算机绘图所揭示的现象的含义，这是一件非常直观的事情，但大多数人都不会去做。

　　物理学分为理论物理和实验物理两大类，大家都知道这两者都是推动物理学发展的关键。数学的情况可能也是一样的，因为如今有许多有趣的现象只能在计算机上观察到，其中经典的例子就是著名的混沌效应，它是由洛伦茨[144]在1961年的数值模拟中发现的。另一个是孤立子现象，它是由费米、帕斯塔、乌拉姆和辛格[145]在1953的数值模拟中发现的一种特殊的非线性波。*总体来说，通过实验获取的数学知识比它理应获取的少，而且有时候还不被重视。事实上，"实验数学"这个词在我看来很含糊，它表示的是那种对定理懵懂无知的人所进行的活动。所以，我把本章命名为"实验室数学"。

当人们在数学和物理中对比理论和实验时，经常会犯逻辑错误。数学不像物理，我们有证明，这很了不起。令人惊讶的常见错误是，人们假设数学的知识来源只有证明，没有实验，但实际上，它除了证明也有实验。

我们的实验室非常轻巧，我们只需要一台计算机。你有实验的想法吗？如果你和我一样有长时间的训练，那么你就很有可能在一小时内做完实验并得到一些成果。（物理学家就没那么幸运了。）例如，研究由方程

$$x_{n+1} = \pm x_n \pm x_{n-1}$$

生成的"随机斐波那契数列"的实验就是第一步。在这里，如果每个±符号都是随机的，那么当$n \to \infty$时，它的增长速率是$(1.13198824...)^n$。

---

* 这些例子都有更早的理论和观察记录，特别是19世纪80年代庞加莱对N体问题的研究，以及1834年约翰·罗素在苏格兰联合运河对孤立波的观测。

我曾教过的康奈尔大学的学生迪瓦卡·维斯瓦纳特[146]（如今在密歇根大学），证明了这个定理并发表了论文。现在1.13198824…被命名为维斯瓦纳特常数。

　　你可能会认为所有的数值分析专家都有实验室数学家的本领。当然，我们中的有些人确实有这项技能，但有多少人不会这项技能就不得而知了。很多时候，数值分析只是数学家决定施展才华的一个专业。有些人可能很少从计算中获取灵感，他们只是把它当作验证定理的工具，而没有把它作为重点。当他们以这种心态发表论文时，你会看到25页的方程和定理，然后用它们构造出所研究的方法的理论特性，最后再附上几页数值实验以"验证结果"。这些计算很可能是由某个研究生做的，而这位同学可能会因为完成了这项既必要又繁重的任务而得到感谢。

11

逼近论：我的早期岁月

我还记得我第一次接触逼近论的情形。为了逼近一个函数，比方说 e^x（$-1 \leqslant x \leqslant 1$），我们可以使用泰勒级数的前几项：

$$e^x \approx 1 + x + 0.5x^2$$

这样得到的精度是 0.218。也许是在哈佛大学读大二的时候，我了解到对这类方法而言，其实用不同的多项式系数可以更好，比方说：

$$e^x \approx 0.989 + 1.130x + 0.554x^2$$

上式的精度是 0.045，精度提高了 5 倍。真巧妙！切比雪夫（也称"极小极大"）逼近理论深深地吸引了我，于是我决定本科论文要写这方面的内容。* 逼近论的推广远不止将各种各样的计算精度提高5 倍。最终，它解决的是我们该如何掌握函数这一基本问题。

---

* 几十年后，我们用 Chebfun 软件敲出一行代码就能计算出 0.045：`f = chebfun('exp(x)')`; `p = minimax(f,2); norm(f-p,inf)`.

在我读博士期间，我的论文集包括逼近论、数值保角映射和偏微分方程的有限差分方法，其中逼近论占了 1/3。在我最初的 18 篇论文里，这个领域占了 12 篇，其中的大多数是与苏黎世联邦理工学院的马丁·古特克内希特 [147] 合作完成的。1979 年的夏天，我在那里与他合作得很愉快。这也是在我的职业生涯里，我作为逼近论专家的三个阶段中的第一个阶段。

Ⅰ（1977 年～1985 年）：理论多项式和有理逼近。

Ⅱ（2004 年～2017 年）：数值多项式逼近。

Ⅲ（2017 年至今）：数值有理逼近。

在第一阶段，人们可能注意到了我来自一个非常规的背景，因为我是在数值分析组攻读博士学位。但是我做出了很好的成绩，特别是在卡拉特奥多里 - 费耶尔逼近、最佳有理逼近的非唯一性，以及帕德 [148] 逼近的性态方面。我参加了在德国上沃尔法赫数学研究所举行的逼近论学术会和研讨会，并拜访了该领域的领军人物。我觉得自己年纪轻也不算是内行，但我喜欢向那些知识更丰富的专家学习。我和古特克内希特一起发表了一系列过硬的论文，这对于一个数学新手而言是一个循规蹈矩的好开端。

但我的博士论文写的是完全不同的领域，并且也更偏向计算机方面。在 20 世纪 80 年代中期，我改做别的事情去了。

12

逼近论：多项式和 Chebfun 软件

20 年后，我真正运用逼近理论的职业生涯开始了。事实上，我可能已经成了最主要的应用逼近论解决问题的数学家。我这里指的是相对经典的单变量部分。如今，多变量被许多人应用于深度学习、神经网络和数据科学。

事情因 Chebfun 软件系统而起。早在 2001 年，我的博士生扎卡里·巴特尔斯就他的论文研究课题向我征求建议。那一年的 12 月 4 日，我给他发了一条信息，给了他 7 个方向。扎卡里是来自宾夕法尼亚州的罗氏奖学金获得者，他是盲人，一位杰出的计算机程序员，也是一个才华横溢的人。我给出的第 3 个方向"Matlab 函数扩展"是他选择的课题。于是 Chebfun 软件诞生了，到 2006 年，它已成为我的工作重点。

我将在后面讨论 Chebfun 软件的概念基础。这里主要想讲的是，它的实现依赖于多项式逼近。Chebfun 软件利用在计算机上实现的"切比雪夫函数"实现数值计算。所谓"切比雪夫函数"是指自适应确定度的切比雪夫级数多项式，或这种对象的级联。通过这些"切比雪夫函数"，系统每一步都可以将函数的精度提高 15 或 16 位。这个项目完全符合我的趣味，2011 年至 2017 年是一段激动人心的日子，项目从一开始的 1 位学生参与发展到多达 10 位学生和博士后参与。据谷歌学术统计，Chebfun 不但速度快、功能强，而且非常成功，在世界各地拥有数千位用户，并且平均每 1.5 天就会有一篇引用它的新论文发表。

然而，奇怪的事情发生了。当我开始关心逼近函数时，我发现自己开始离逼近论领域越来越远。坦白讲，问题在于逼近论专家对逼近函数不是很感兴趣。他们感兴趣的是把他们的数学思想推进到接下来的逻辑环节。这个领域有其自身的发展动力，与它存在的理由无关。

几乎没有哪个领域像逼近论那样具有如此明确的目的。例如，希尔伯特 [149] 的学生保罗·基希贝格尔于 1902 年在哥廷根发表的论文里就曾讨论过。我在 *Approximation Theory and Approximation Practice*（《逼近论及其实践》）里评论过基希贝格尔的观点。但事实上，逼近函数只是一个起点。与许多学术领域一样，逼近论的更大目标在于遵循某种智力轨迹。一如既往，数学家在这方面的动力只有一部分源于开发出有用工具的挑战，还有一部分源于让结果尽可能清楚明确的艰巨任务。数学家的双重执念是想让一切尽可能清晰、明确且具有普遍意义。

　　让我举"最优插值点问题"这个例子来说明一下清晰度的魅力。事实证明，如果你想用多项式 $p(x)$ 插值一个定义域为 $-1 \leqslant x \leqslant 1$ 的函数 $f(x)$，那么选取等间隔的插值点是一个灾难性的坏选择，而要是选择在 $+1$ 和 -1 附近的切比雪夫点的话，效果则会非常好。1904 年，德国第一位应用数学教授卡尔·龙格 [150] 在移居哥廷根的前不久解释了这一现象。* 但切比雪夫点是最优的吗？这正是数学家会突然想到的问题，它们既自然又充满诱惑力。一个世纪前，人们意识到答案是否定的，它们不是最优的，于是问题变成了：什么是最优插值点？伯恩斯坦 [151] 在 1931 年就如何描述它们做出了一个猜想。令人兴奋的是，50 年后，基尔戈和德·博尔 [152] 最终证明了这个猜想是成立的。学生会在逼近论课程里学到这些东西。如果你问一个逼近论专家最适合插值的是不是切比雪夫点，他们很可能会知道：不，它们不是。

　　但疯狂的地方在于：最优点比切比雪夫点好多少呢？是两倍？还是 10%？事实证明，结果是 0%！对于低阶插值而言，我们或许会有一些好处，但随着阶数的增加，这种优势很快就会消失，变得完全没有益处。所以，所有关于最优插值点的文献只不过是学术消

---

* 龙格正好比我大 99 岁，因为我们的生日都是 8 月 30 日（以及之前提到的霍华德·埃蒙斯和马克·恩布里）。1924 年，龙格到了退休年龄，人们首先想到的是再任命一位应用数学教授作为他的继任。然而，人们觉得纯数学和应用数学之间的区分已不再明显——龙格本人也参与了促成了此事。在数学教师投票表决后，龙格的职称恢复为数学教授。参见 Iris Runge 撰写的 *Carl Runge and His Scientific Work*（《卡尔·龙格和他的科学工作》）一书中的第 192 页。1967 年，随着数值与应用数学研究所的成立，哥廷根恢复了应用数学。

遣。如果你询问逼近论专家关于这场下在最优插值点土地上的大雨，他们很可能并不了解。

最优插值点问题说明数学家很容易被漂亮的问题分散注意力，他们从事的不是人们以为的那些他们想做的工作。几年前，我在《美国数学学会通报》上发表过一篇文章，其中有一个正确但颇具误导性的说法："切比雪夫点不是最优的"，这是我所谓的"逆向尤吉语录"的一个例子。尤吉·贝拉[153] 有一些非常有名的古怪言论，比如"一个5分镍币今天再也不值1毛钱了"等。这些言论从字面上看，或矛盾，或荒谬，但它们传达着真理。数学家的职业病恰恰相反：从字面上看，结论是正确的，但没抓住重点。

最优插值点问题的另一个极端则是那种非常有用但几乎不会引起逼近论专家的兴趣的情况。逼近论有一个实用性很强的应用——计算函数的根。如果函数 $f(x)$ 的定义域是 $a \leqslant x \leqslant b$，那么求它的根的最好方法是用多项式 P 去逼近它，然后再通过求解矩阵特征值的方法去求 P 的根。这种方法像魔法一样有效，它是由约翰·古德[154] 在1961年的一篇论文中提出的，Chebfun 软件在40年后实现了它。例如，命令：

```
f = chebfun(@(x) besselj(0,x),[0 1000])
r = roots(f)
```

在我的笔记本电脑上计算定义域在 $0 \leqslant x \leqslant 1000$ 的贝塞尔函数 $J_0(x)$ 的所有318个根只要1/40秒的时间（精度到15位）。它的第100个根是 313.3742660775…。逼近论专家对这项研究成果会感到兴奋吗？不，他们大多不知道。它与该领域的创立者所研究的经典问题没有什么"血缘关系"。

在我的职业生涯早期，我参加过一些逼近论的学术会议。后来我发现，当自己与这个主题再次结缘时，我本可以重新参加这些会议，但几乎再也没有去过。我发现那些会议和他们报告的工作过于学术化，离函数逼近的实际问题太远了。为了让你体验一下我已经远离的那种工作，我在这里引用一下 2000 年在《逼近论杂志》上发表的前 5 篇论文的标题。（传统上，数学论文的标题中总会有一些人名。）

《有界变差函数的广义杜尔迈耶（Durrmeyer）型算子的收敛速度》

《抽象勒贝格 [155] 空间的科罗夫金 [156] 定理》

《$H_p(\boldsymbol{R} \times \boldsymbol{R})$ 和 $H_p(\boldsymbol{T} \times \boldsymbol{T})$ 上的最大里斯 [157] 算子的二维傅里叶 [158] 变换和傅里叶级数》

《多重加细埃尔米特 [159] 插值》

《带尖点集上的多元多项式的马尔可夫 [160] – 伯恩斯坦型不等式》

我现在只要稍作研究就可以搞明白这些论文写的是什么，可能它们也挺有趣。但是，当涉及计算时，这种研究并没有多大帮助。

它们和最常见的学术数学差不多。

因此，我发现随着自己越来越多地使用逼近论，我对了解新的研究进展越来越没有兴趣。这种感觉是相互的。如果说在 1985 年，我似乎是一个前途无量的年轻人，有潜力成为该领域的领军人物，那么我在后来的 1/3 个世纪中的成长状况则比之前要离奇得多。我广为人知，但我并不是逼近论的圈子里的大人物，他们也不常邀请我在学术会议上发言。

矛盾的是，即便如此，我却写了该领域的主要教材之一——《逼近论及其实践》。我喜欢从事这项工作，特别是我在福尔克尔·梅尔曼 [161] 所在的柏林工业大学进行学术休假的时候。这本书有着不同寻常的渊源。2009 年 3 月，马克斯·詹森邀请我到杜伦大学主持一个研讨会。那时 Chebfun 软件已经能很好地展现逼近论的概念了。我突然想到，在研讨会上展示这些能力或许会很有趣，所以我将研讨会命名为"逼近论及其实践"。4 年后，与之同名的著作出版了。

为了使《逼近论及其实践》更加出色，我决定追踪每个概念的原始出处，并将它们都列在参考书目的注释里。这需要做大量的工作，因为数学家有一种习惯，他们会大谈特谈精巧的细节，而不提俗事。例如，定义域为 $-1 \leqslant x \leqslant 1$ 的函数 $f(x)$ 的切比雪夫级数。现在有两种基本的方法来得到 f 的 n 次多项式逼近：第一种是截断级数，第二种是用 $n+1$ 个切比雪夫点构成的多项式对 f 进行插值。（这是"系数"和"数值"之间的一种区别，我们稍后会再做讨论。）

现有的逼近论教材（顺便说一句，它们大多写于 50 年前，都写得不错且引人入胜）都没能指出存在这两种情况。它们没能告诉读者这两者之间的关系有多简单（其中涉及所谓的"混叠公式"），没能证明它们在逼近函数时同样有效（当因子小于 2 时），也没能给出这两种情况的定理。我必须自己弄清楚所有这些，即使最后发现许多关键事实在一个世纪前就已经被搞明白了，它们曾出现在诸如《关于谢尔盖·伯恩斯坦先生的一句话》（马塞尔·里斯，1916）这样的论文里。

13

逼近论：有理函数

就在 6 年前，我前所未有地开始和有理函数打起了交道。有理函数是多项式之比，即 $r(x) = p(x) / q(x)$。我有很多关于它的故事，但在这里只讲其中最奇怪的一个，它和 1964 年由唐纳德·纽曼[162]证明的那个令人吃惊的定理有关。

众所周知，逼近光滑函数是多项式擅长的，但它们不擅于逼近非光滑函数。例如，假设我们想逼近定义域在 $-1 \leqslant x \leqslant 1$ 上的绝对值函数 $f(x) = |x|$，且误差不能大于 0.001，那么我们就需要一个次数 $n = 282$ 的多项式。当次数进一步趋近 ∞ 时，误差仅以 $1/n$ 的比例减小。这很糟糕，它意味着多项式对于非光滑函数毫无用处，除非对精度的要求很低。

接着，唐纳德·纽曼在《密歇根数学杂志》上发表了一篇长度为 4 页的论文。纽曼证明，如果采用有理逼近定义域在 $-1 \leqslant x \leqslant 1$ 上的绝对值函数 $f(x) = |x|$，即用次数为 n 的多项式 p 和 q 相除（p/q），它就会以"根指数"的速度收敛，也就是说，误差减小的速度是

$\exp\left(-C\sqrt{n}\right)$，其中常数 $C > 0$。这个收敛速度的提升是惊人的。当次数 $n = 8$ 时，精度为 0.001，当 $n = 26$，精度可达到 0.000001。这个区别非常明显！

但现实情况令人吃惊。逼近论是关于函数的近似，对吗？纽曼发表的结果表明有理函数在这方面效果非常好，对吗？于是，在1964 年，人们一定会立刻兴奋地开始把有理函数应用到各种计算里，对吗？

然而并不是这样。纽曼的结果对数值计算没产生什么影响。对于逼近论专家来说：

他们没有去应用纽曼定理；他们做的是不断地改进它。

就像我说的，这就是数学家做的事。我们没有人对开发利用以根指数速度收敛的算法感兴趣。相反，我们的注意力集中在理论上"最优"的最佳逼近的概念上，这种逼近很难计算，因此显得格外有趣。许多人开始研究 $|x|$ 在 $-1 \leqslant x \leqslant 1$ 时的最佳逼近。维亚切斯拉沃夫在 1974 年证明了尖锐常数 $C = \pi$。瓦尔加[163]、拉坦和卡彭特在 1993 年通过数值实验更精确地发现，误差的状况类似于 $8\exp\left(-\pi\sqrt{n}\right)$。为此，他们必须在 200 位的精度下进行计算。几个月后，赫伯特·斯塔尔[164]彻底证明了这一结论。再后来，斯塔尔在2003 年将相应的学术成果推广到了 $|x|^{\alpha}$（α 为正数）的最佳有理逼近。

从纽曼最早获得成果至今，已经过去了 40 年。逼近论专家对他的发现做了改进和推广。但是，我们没有人把它应用到任何有用的事情上！然而，它可能非常有用，因为但凡在一个有尖角的定义域上求解偏微分方程——实际上大多数域都是有角的——通常都会遇到和纽曼问题一样的奇点（分支点）。因此，他的发现与科学所关心的问题有着密切联系，但我们没有注意到这一点。我们也没有研究找到具有根指数精度的实际逼近方法，我们研究的是那些令人着迷却难以计算的绝对最优的最佳逼近。

我之所以说"我们"，是因为我和其他人一样分心了。有理逼近一直是我的兴趣所在。1985 年，我在英国的什里弗纳姆村举办的一次会议上遇见了唐纳德·纽曼，他亲切地称赞我为一首打油诗找到了一个与开会地点的名字押韵的词。但 30 年来，尽管我了解并欣赏纽曼定理，却没有想过要尝试应用它。我也像其他人一样，几乎忘记了逼近论的目的。

不知为何，我的观点在 2016 年发生了变化，我开始考虑合理使用有理函数进行计算。首先，我和中司由纪、奥利弗·塞特设计了用于普通 16 位算术的有理逼近的"AAA 算法"，它为我们打开了许多扇门。然后，我和我的学生阿比·戈帕尔改进了纽曼的发现，我们发明了所谓的"闪电求解器"，用于求解定义域上带尖角的偏微分方程，其思路是通过在每个尖角附近的指数级聚集极点的有理逼近来解决拉普拉斯[165]、双谐波和亥姆霍兹[166]方程，就像纽曼逼近

$|x|$ 的方法，这样得到的精度可以很高。而"闪电"一词则为了体现"闪电击中树木和建筑物的尖角"与数学之间的联系。彼得·巴杜、斯特凡诺·科斯塔、中司由纪和安德烈·韦德曼还对其做了进一步的开发，并取得了成果。

这一切本可以在 40 年前完成，我也本可以拿给唐纳德·纽曼看的！

14

斯坦福大学的研究生阶段：吉恩·戈卢布和塞拉屋

从哈佛大学毕业后，我想攻读数值分析博士学位。我的计划是去加利福尼亚大学伯克利分校，但在大四春天的某一天，吉恩·戈卢布从加利福尼亚给我打了一个长途电话，他说斯坦福大学更好。接到知名教授的电话让我很兴奋，他很友好也很热情，所以我就去了斯坦福大学。倘若是威廉·卡亨打的电话，那我可能就去伯克利了。

进入斯坦福大学学习需要转到计算机科学系，因为那是数值分析的家。后来，吉恩告诉我，我是那一年计算机科学系的最佳博士学位申请人，但我当时对此一无所知。事实上，我既没有听说过链表，也不知道"CS 101"课程里的其他基本概念，更没有听说过系里最伟大的"明星"——高德纳。现在的学生似乎比我那时更能科学地掌控自己的学业生涯，他们会仔细分析数据以优化自己的选择。我虽然仔细掂量过自己的感觉和野心，但没有太多数据支撑。那时候，我们可没有 1~500 位的大学排名可以在网上查询。*

吉恩·戈卢布的性格与众不同，他对人的关注程度超出了普通人。他未婚，学生和数值分析领域的同事就是他的全部。他身材高大，很友好，见人就说"叫我吉恩"。在他位于康斯坦索大道 576 号的家中，似乎每周都有派对。在后来的岁月里，我和他一直保持着联系，经常和他数值分析界的朋友在餐馆里共进晚餐。的确，无论我是在牛津、悉尼还是在巴黎，吉恩总有办法来和我聚上一段时间。他手头常会备一份礼物，比如最新的罗伯特·卡罗 [167] 传记。吉恩于 2007 年去世，在那之前，他一直是我生活的一部分。即使我们研究的领域不同，他对我的影响也很大。在吉恩的圈子里，我从来没有和他一起写过论文，这很罕见。他不无理由地开玩笑说，我是自命不凡的哈佛人。

正是因为吉恩·戈卢布，我才加入了美国工业与应用数学学会，事实上，曾经有 4 位斯坦福大学的数值分析专家担任过学会主席，当过理事的则更多。也正是因为他，我才参加了首届 ICIAM 大会（国际工业与应用数学大会）。这个大会每 4 年举办一次，他是发起人和筹备者之一。1987 年，第一届大会在巴黎召开。35 年后，我是

---

* 当时我们已经有互联网，它叫阿帕网。在 1978 年的最初的几千个地址中，我甚至有了一个属于自己的地址（CSD.TREFETHEN@SU-SCORE）。可以互联的只有少数大学和国家实验室，其中包括斯坦福大学和哈佛大学，所以我可以和家乡的女朋友（她也上过"数学 55"的课程，有些男子气概）互发电子邮件。我已经不记得我们是怎么称呼这些"信息"的了，但它的名字不像"电子邮件"这么短。

参加过全部 9 届大会的仅有的两三人中的一个。*明年，我打算参加第10 届。

1977 年，我进入了斯坦福大学计算机科学系。不知怎的，我来到了早期硅谷的中心地带。当时，TeX、WIMP 接口、Sun Microsystems公司和美国硅图公司刚刚出现。我和玛莎·伯杰[168]、彼得·比约斯塔德、丹·博利、肯·布贝、陈繁昌[169]、比尔·库格伦、比尔·格罗普、埃里克·格罗斯、麦克·希思、兰迪·莱韦克、富兰克林·卢克、斯蒂芬·纳什、迈克尔·厄尔通以及他们的学生乔纳森·古德曼、尼克·古尔德和豪尔赫·诺塞达尔在一起。如今，在我们的领域里，他们中的许多人已经很有名了。我们这群人和吉恩的许多访客的办公桌是在同一个宽敞的旧居里，这个建筑叫作塞拉屋（Serra House），它的院子里有一棵柿子树。我在斯坦福大学的第一年里，遇到的客座教授包括格耶蒙德·达尔基斯特和吉姆·威尔金森，他们是 20世纪数值分析界的杰出人物。**至此，我还没有提到过我的论文导师——慷慨而有魅力的乔·奥利格尔[170]，还有组里的其他老师——杰克·赫里奥特[171]以及我后来的好友罗布·施赖伯。是吉恩把我们

---

* 迈克尔·阿蒂亚爵士是迄今为止同时获得菲尔兹奖和阿贝尔奖的 4 个人之一。他在第一届
  ICIAM 大会上做了一次大会特邀报告，在演讲中他说应用数学是靠纯数学餐桌上掉下来的
  面包屑养活的。这一评论引起了一些热议。
** 我上过威尔金森的两门课，他和复分析师 Max Schiffer 是我在斯坦福大学最喜欢的老师。
  威尔金森面带英国人特有的顽皮微笑，但他骨子里是一位实验室数学家。他曾滔滔不绝地
  告诉我们他从 1949 年开始在 Pilot Ace 计算机上做的那些实验，他想要搞清楚误差的状况，
  并最终解释了原因。他称之为"反向误差分析"。

这些人聚在了一起，所有人都因为对数值分析的热爱而联结在一起。后来，我进入牛津大学，认为一个学术研究团队就应该如此。

吉恩·戈卢布在数值分析历史上的重要性与一个历史转变及一个术语冲突有关。传统上，线性代数属于代数。例如，矩阵的特征值传统上被认为是代数量，它具有优雅的不变性，这可以一直追溯到 19 世纪。然而，线性代数也是一门分析的学科，它所研究的对象是**奇异值**，而奇异值分解是度量矩阵或逆矩阵的大小需要用到的工具。20 世纪 60 年代，当戈卢布开始宣扬奇异值分解的时候，人们对它还知之甚少，但如今它已被应用于整个计算科学。在分析方面，关于它的量对我们数值分析专家很重要，因此，在本书的语境里，线性代数属于分析而不是代数。吉恩倾向于完全避免使用"代数"这个术语，他称之为"矩阵计算"。

15

复分析与彼得·亨里齐

连续数学是关于函数的，函数存在于复平面上。所谓复数平面是指 $z = x + iy$，其中 x 是 z 的实部，y 是 z 的虚部，i 的定义是 $i^2 = -1$。"在复平面上"是一种说法，尽管可以研究实数 x 的函数 $f(x) = \sin x / (1 + x^2)$，但除非把它看成 $f(z) = \sin z / (1 + z^2)$，否则我们是无法完全理解它的性质的。从 19 世纪的柯西[172]、魏尔施特拉斯[173]和黎曼[174]开始，数学家就已经理解了这一点。例如，积分和无穷级数的概念在复平面上是完全不一样的。

如前面所说，我很庆幸自己很早就接触了这个主题。我非常喜欢它，所以我的本科论文很自然地选择了复切比雪夫逼近。然后，在伯克霍夫的介绍下我认识了他的朋友——瑞士数学家彼得·亨里齐[175]，当时他正在写他那伟大的共计 3 卷的著作 *Applied and Computational Complex Analysis*。1978 年秋天，亨里齐访问了斯坦福大学，在他的建议下，我开始研究数值施瓦茨[176]－克里斯托弗尔[177]保角映射。那年秋天，每个周末我都在 SLAC 计算机中心开发我的算法，而工作日则向亨里齐报告进展。这个项目诞生了第一个稳健的用于保角映射的数值方法和计算机代码，它们后来由托比·德里斯科尔开发成了 Matlab 的 SC 工具箱。而托比本人如今在特拉华大学。这个项目也催生了我的第一篇论文，它最早发表在戈卢布的新杂志的创刊号上。当时，那本杂志叫作《SIAM 期刊：科学与统计计算》。在那篇论文里，有一些由计算机生成的漂亮的保角映射图像。我后来的所有论文——除了一两篇——也都包含了计算机图形。这对许多数值分析专家而言很常见。

1979 年 3 月，我在斯坦福大学的计算机科学技术报告系列中，以 CS-TR-1979-710 发表了施瓦茨 - 克里斯托弗尔论文的预印本；我相信这是第 3 份 TeX 格式的研究报告。这种格式刚刚由高德纳发明，第 1 份是他在 1978 年 11 月写的 TeX 手册 STAN-CS-78-675[*]，第 2 份是本特·阿斯普瓦尔（Bengt Aspvall）写的 CS-TR-1979-703。几十年来，TeX（或者它的变体 LaTeX）一直是数学家、物理学家和计算机科学家通用的排版系统。

亨里齐和我很合得来。他是一位 50 多岁的欧洲教授，经常掌控着课堂，而我当时是个 23 岁的孩子，但我们有一个共同点，那就是首先都热爱数值数学。在可编程袖珍计算器出现后，亨里齐是第一个为它们编写数值分析图书的人（《HP-25 袖珍计算器的计算分

---

[*] 高德纳，*Tau Epsilon Chi, A System for Technical Text*（《ＴｅＸ：一种用于技术文本的系统》），1978 年 11 月。

析》，1977 年），就像 Matlab 刚问世时，我是第一个发表相关研究论文的人，论文里还有 Matlab 程序（《用于 CF 逼近的 Matlab 程序》，1985 年）。此外，我们都喜欢说话、写作，还有打字。后来亨里齐回到了苏黎世，我们用 IBM 的 Selectric 打字机相互发送了几十封数学信件。（他所用的型号比较旧，没有擦除键。）1979 年，我受亨里齐之邀拜访了苏黎世联邦理工学院。那年夏天有几个星期，亨里齐需要去山区执行瑞士政府指派的任务，他便把位于主楼的办公室借给了我。通过屋里的大窗户，我可以俯瞰观景平台、苏黎世城区和苏黎世湖。书桌旁有一个书架，上面放着他写的书，它们厚达一英尺。我记得我当时对那个书架很感兴趣。

1987 年，亨里齐英年早逝，享年 63 岁。这件事情令我终生遗憾。在他活着的时候，我没有意识到我对他有多么重要，因为一位长者更容易从一个年轻的人身上看到自己，而年轻人则不会。亨里齐喜欢我作为美国人的朝气，以及我利用计算机研究数学的自信。当他知道我是如何通过结合戈卢布和韦尔施的高斯 – 雅可比 [178] 求积公式代码以及鲍威尔的非线性系统拟牛顿法的代码来计算施瓦茨 – 克里斯托弗尔映射时，他哈哈大笑地把它称为一首"计算的交响乐"。他在苏黎世联邦理工学院的研究生的年纪都比我大；事实上，有两个已经结婚，还有 3 个孩子，他们可能想知道为什么我这个美国"新贵"会受到如此多的关注。亨里齐坚持让我叫他彼得，不过他的学生直到获得博士学位后才有此待遇。我记得有一天他对我说，他觉得周围的年轻人不太喜欢说话。他觉得他们语速太慢了，他喜欢我话语中的那种轻松感觉。

我希望亨里齐能活到正常的寿命。这些年来，我与几位资深人士关系密切，尤其包括上文提到的吉恩·戈卢布，还有吉尔伯特·斯特朗[179]和克利夫·莫勒[180]，但我和亨里齐之间的关系很特殊。这种关系不曾有适当的发展机会。

在亨里齐快离开斯坦福大学时，我把即将完工的施瓦茨－克里斯托弗尔论文草稿带到了他的办公室——文章当然是 TeX 格式的。论文的署名是我们两人。"噢，我不需要发论文了。"亨里齐慷慨地说道。于是，我去掉了他的名字，成为了唯一作者，但现在我多么希望当时能坚持一下。

16

复分析：复分析视频研讨会与计算方法和函数论

从那以后，我就一直在研究复变量。有时针对的是那些一看就需要用到复数的应用，比如保角映射和帕德逼近，还有一些则经常是那些表面上只涉及实数的问题，但解决它们需要用到复数的概念。许多论文、算法、定理和证明都依赖复变量，例如，克伦肖－柯蒂斯积分、d 维超立方体中的函数、在多边形中求解拉普拉斯方程，等等。

在数值分析中，我们喜欢那些当 n 增大（不管它代表步数还是参数）时，会快速收敛的算法。在最好的情况下，它意味着这些算法在应用于足够光滑的函数时，应该呈指数级收敛。足够光滑意味着函数是解析的，即满足泰勒级数在每一点都收敛。这样，就可以引入复变量，因为如果一个函数是解析函数，那么它可以从实数轴扩展到复平面，从而通常可以通过分析复围线积分证明它的收敛是指数级的。

例如，计算实积分 $\int_a^b f(x)\,\mathrm{d}x$ 的最著名的方法是高斯积分。该方法在 a 和 b 之间对函数 f 采样 n 个点，然后乘以一定的权重因子，再将样本相加。这就是 19 世纪了不起的成果：

定理：如果 f 是解析的，高斯积分呈指数级收敛。

这个定理告诉我们高斯积分具有我们所希望的最基本的良好性质。

但你知道这个基本定理的奇怪之处吗？教科书几乎不会提到它，尽管每本数值分析教材几乎都会向读者介绍高斯积分。* 其中的一个原因可能是人们认为解析性的概念太过先进，尽管它在 200 年里一直是数学家理解函数的基础。另一种可能是教科书的作者也不知道这个定理，因为他们师承以前的教科书。事实上，数值分析专家在处理复变量时往往能力不够。也许在 20 世纪五六十年代的时候还不是这样，但是一个人的精力是有限的，正是从那时开始，作为显学的数值线性代数学科已经取得了极大的发展，它们占用了大量的资源。今天的数值分析专家可以熟练使用 Matlab，他们知道如何进行克雷洛夫 [181] 子空间迭代，但其中的多数人从学生时代起就没有接触过围线积分。

---

* Folkmar Bornemann 指出，这个定理可以在 Dahlquist 和 Björck（2008）的 *Numerical Methods in Scientific Computing I* 的 5.3.5 节中找到。

　　像我这样一直使用复变量的数值分析专家怎么办？毫无疑问，我们可以向专家社区寻求帮助。

　　这就是痛苦的地方。是的，世界上有成百上千的复分析专家。在很多事情上，他们知道的比我多，有时我可以借助他们的专业知识。然而，我的尝试通常不会很有用。我们之间的语言和价值观差异太大。

　　如今，复分析并不算数学的热门领域，这些专家中的许多人在系里可能会感到被孤立。一篇常规的复分析论文的影响力不如我的论文，至少从引用量来看是这样的，所以你可能会觉得那些专家或许会想和我交流。然而，这不是人类的天性。我们双方都觉得彼此所受的思维方式的教育是不同的，都觉得对方的想法似乎没有那么重要。

　　顺便说一句，如果看一下复分析专家钻研的课题，你会发现很多词语看起来似乎和计算有关。和许多其他数学家一样，复分析专家一直在"估计"和"计算"。但这些估计和计算只是概念上的。在这里，实际的计算只是附带的工作。

　　2014 年，我在日内瓦大学休假了 3 个月，当时我的办公室就在菲尔兹奖得主斯坦尼斯拉夫·斯米尔诺夫的隔壁。他是最令人兴奋的复分析专家之一，但我只和他聊过一次。当时，我正在研究法拉第笼效应的数学问题。自 1836 年法拉第第一次发现以来，这个问题一直没有得到解决。这使得理查德·费曼在他的《费曼物理学讲义》中也说错了。这个课题与复变量密切相关，但我无法让斯米尔诺夫对此产生兴趣。如果同样的问题是由他的同行告诉他的，那么他的参与度可能会不一样，但作为一名数值分析专家，我不是他会去关注的那群人。

近年来，罗德·哈尔布德出色地组织了全球"复分析视频研讨会"系列讲座。不幸的是，在"3 分钟热度"后，我错过了许多讲座，它们的标题类似于《基于魏尔[182] – 彼得松[183]拟圆的勒文纳[184] – 库法列夫[185]能量和叶状结构》。当看到这类标题的时候，我觉得自己和演讲者之间可能没什么共同点，所以习惯性地没有关注它们。但是，毫无疑问，我错过了一些有趣的东西。

我在这次的研讨会上做了一个报告，并以个人对这类问题的看法作为开场。我是这样说的。

　　我想谈谈我们的领域，也就是复分析，还有我自己。就像罗德所说，我是一名数值分析专家，但几乎我的所有工作，或者说我多年来工作的 2/3 都植根于复变量。这是我作为一名数值分析专家的主要优势，因为很多数值分析专家并不擅长复分析。但我想说的内容有点令人遗憾，那就是我与这个圈子的联系很少，这个圈子是属于更偏向理论化的复分析专家的。参加连线会议的大多数人我都不认识，有 3/4 的人素未谋面。除了一些特别情况，我不会读各位的论文，你们可能也不会读我的。令人惊讶的是，计算世界中的理论和实践是如此地割裂。那可不好。我没有办法提供解决方案，但它肯定是不好的，尤其对我个人来说，这意味着那么多年以来，我都没能从专家那里获得应有的帮助。在我做一个在复平面上的项目时，我知道肯定有我该去请教的专家，但通常我都不知道他们是谁，也无法向他们请教。这是多么地浪费呀！

在复分析领域另一项令人印象深刻的活动是计算方法和函数论（CMFT）学术会议，这一会议始于 1989 年，是每 4 年举办一次的国际会议。从 2001 年开始，它也代表着一种高质量期刊。（函数论是复分析的另一种叫法。）从一开始，它的愿景就是将数值和理论结合起来：

CMFT 是一种国际数学期刊，它发表那些经过精心选取的关于（广义）复分析以及与复分析相关的应用和计算方法的原创研究论文。

当这个愿景刚刚宣布的时候，我很兴奋，于是愉快地接受了邀请，成为该期刊的首任编辑之一。不幸的是，"计算方法和函数论"这个名字里的"计算"实际上是被漠视的。像我这样的人最终没发挥什么作用，杂志上发表的论文只是偶尔与应用或计算方法有实质性的关系。如今的编委会有 53 名成员，其中只有洛塔尔·雷赫尔是著名的数值分析专家。我认为造成这种情况的责任在双方。更纯粹的复分析专家希望与计算更接近，但他们不知道应该怎么做，而像我这样的计算分析专家也希望与理论发展更接近，但我们不知道应该关注哪些方面。如我所说，第 9 届 CMFT 会议刚刚以线上模式举行。除了我之外，受邀的演讲者中没有一个是搞数值分析的，几乎没有一个演讲展示了实际的计算。我相信在我的演讲里所做的现场演示是大会上是唯一展示实际计算的案例。

就"被漠视的'计算'"现象，哥廷根大学的赖纳·克雷斯给我举了另一个例子。创办于 1826 年的《纯数学和应用数学》杂志[186]是最古老的数学期刊之一。虽然刊名是"纯数学和应用数学"，但实际上杂志里的内容都是纯数学。

让我们回到复变量这个主题。幸运的是，有一小群好伙伴正在和我分享复平面计算的乐趣，他们包括彼得·巴杜、斯特凡诺·科斯塔、汤姆·德利洛、托比·德里斯科尔、本特·福恩贝格、尼克·黑尔、塞西尔·皮雷、亚历克斯·汤森、埃利亚斯·韦格特、安德烈·韦德曼和希瑟·威尔伯。看看韦格特和他的同事们制作的令人惊叹的"复数之美"日历[187]，你就会明白我的意思了。

17

由彼得·拉克斯指导的纽约大学博士后阶段：再次遭遇纯数学和应用数学

数学是美丽的。研究实变量函数的实分析有如此强大的定理！连续性、紧致性、傅里叶变换……这些优雅而重要的概念令人非常满意。实分析早就造就了描述自然法则的语言——偏微分方程。偏微分方程帮助麦克斯韦发现了光波的工作原理，帮助爱因斯坦预测了引力波。而化学建立在薛定谔方程的基础之上，流体力学建立在纳维[188] – 斯托克斯[189]方程的基础之上，土木工程建立在弹性方程的基础之上。

我在斯坦福大学的博士论文就是关于这个领域的，具体来说，主题是双曲偏微分方程的数值解。因此，对接下来的博士后研究而言，位于纽约格林尼治村的纽约大学库朗[190]数学科学研究所是一个令人向往的地方。与大多数数学系不同，那个研究所只专注于一个领域，即实分析、偏微分方程及其数值分析。在研究所里的大师中，最杰出的是彼得·拉克斯[191]。拉克斯是一位来自匈牙利的神童，十几岁的时候就参与了曼哈顿计划。那时他 56 岁，正值巅峰期，我在库朗研究所工作了两年，拉克斯是我的博士后（由美国国家科学基金资助）导师。我还以兼职助理教授的身份每年教一门课程。*

如果每位数学家都像彼得·拉克斯一样，我可能就没必要写这本书了。他的才华和魅力为研究所定下了基调。在这里，他既是社交能手，也是"智力磁石"。午餐时，我们会在 13 楼的休息室和他碰头，聊的内容都很实在。有时他会先带着一群人去 Soho 商业区[192]的迪恩 - 德鲁卡商店[193]挑选合适的食材，因为他有美食家的品味，也喜欢其他人进入他的生活。我至今记得他那闪亮的眼睛、卷曲的头发和对所有学科的好奇。拉克斯是个典型的中欧人，他似乎对音乐和文学也如数家珍。

我没有和拉克斯合作过，因为他是 6 个博士后的导师，而和他相比，我的志趣更偏向计算。但是，他对我的影响仍然很大。我说的"如果每个人都像他一样，事情可能会有所不同"是有所指的。拉克斯的思维横跨纯数学和应用数学。他的著作是纯数学的，以技术上完美的定理为中心，但他也了解和欣赏应用。拉克斯通过一些著名的定理对数值分析产生过巨大影响，这些定理在每个领域里都恰如其分地用对了地方，比如我在研究生阶段研究过的拉克斯等价定理。

---

* 此时，我又回到了和父亲 Lloyd MacGregor Trefethen 居住的东海岸，开始用我的中间名 Nick。

我在前面提到过一种被广泛接受的观点，即纯数学和应用数学之间的区别是一种错觉。这是无稽之谈，根据我的经验，这通常是纯数学家的观点，他们经常认为纯数学很实用，或者认为只要他们愿意，应用纯数学可以很容易。你知道这个笑话吗：蝶蛾专家和词源学家有什么区别？词源学家知道其中的区别。[194] 我认为数学也是同理。纯数学家和应用数学家之间有什么区别？应用数学家知道其中的区别。* 我们的使命以及本书的使命是鼓励各种各样的数学之间能实现更融洽的交流，而不是假装它们都一样。

拉克斯的聪明和广博足以胜任这个使命。倘若我们都像他一样，数学就有可能实现真正的统一，但我们大多数人没有那么卓越。

纯数学着眼于历史，更喜欢研究在 100 年后仍然重要的思想，这些思想往往会非常抽象且笼统。对于顶层的人来说，这种取向可能是务实的。的确，它是人类在精神方面的一种胜利，我们可以创造能够持续几个世纪的数学。然而，对于更普通的研究人员来说，这一模式并不总是好的，它会导致数学家在理解彼此的工作方面困难重重。**

---

* 保罗·哈尔莫斯在 1981 年写了声名狼藉的《应用数学是糟糕的数学》一文。在文中，他也给出了区别，但区别是完全相反的。

** 我曾在为纯数学家颁发奖金的委员会任职。为了说明候选人的获奖原因，推荐人会从描述这些人的成就本质开始，但这很难。很快，推荐信就脱离了实质内容，转而强调候选人是多么地有才华。在一定程度上，每一门学科都以人们的才华来做评判，但没有哪一门学科能像数学那样把这一评判标准发挥到极致。

18

实分析和偏微分方程：正则性

在我涉及的 5 个领域中，对于其中两个领域我已经写了相当长的篇幅，剩下的 3 个我不想再多啰唆了。为此，我将对每个领域只谈一点。对于实分析和偏微分方程，我的主题是"光滑"，用数学家的话说就是"正则性"。

曲线有多光滑？回答这个问题的基本思想是求导。如果一个函数是连续的，我们是无法说明其是否光滑的。但如果它可微，也就是可以求导数，那它就是光滑的。如果可以微分两次，那它就"更"光滑。因此，光滑的基本度量是可以求导的次数，其中有一些标准的概念，如 $\mathbf{C}^k([a,b])$，就是指定义域为 $a \leqslant x \leqslant b$，存在 k 阶导数的连续函数的集合。这种思想不仅适用于单变量函数（曲线），也适用于多变量函数（曲面）。函数的光滑度不一定是 0、1 或 2 这样的整数。我们可以通过引入"赫尔德[195]连续性"这一概念来讨论具有"半阶导数"的光滑函数。还有另一种技术叫作索伯列夫[196]空间。在索伯列夫空间中，你可以系统化地考虑所有被分数阶微分的函数的集合，比如阶数为 1/2、$\sqrt{2}$ 或者 π，它们记为 $\mathbf{H}^{\frac{1}{2}}$、$\mathbf{H}^{\sqrt{2}}$、$\mathbf{H}^{\pi}$。数学是优雅的，当然也是绝对严格的。如果你要进一步细化，还有别索夫[197] 空间 $\mathbf{B}_{p,q}^{s}$ 和特利贝尔 – 立卓金（Triebel-Lizorkin）空间 $\mathbf{F}_{p,q}^{s}$。记得在我的博士后阶段，我开始认识到了解别索夫空间细节的重要性。

那么，我们为什么要这么麻烦地进行细致的分析呢？从一开始，数学就迫使我们这样做。例如，假设有一个函数 f，如果想将其用傅里叶级数表示，也就是分解成由正弦函数和余弦函数组成的无限集合，那么，人们会很自然地问，这个级数会收敛到 f 吗？为了保证收敛性，f 仅仅是连续的还不够，但倘若 f 是可微的，那就足够了。因此，数学家当然希望有一个明确的标准，以确定所需的光滑程度。事实证明，只要可微就够了，哪怕是半阶或百万分之一阶导数。于是，出现了更精细的分析，用于处理那些完全不可微但是比连续函数稍微"光滑"一些的函数。这个技术的故事很长，其复杂性令人着迷，许多数学家对此做出过贡献。巴里·西蒙[198] 关于调和分析（这门课的名称）的教科书厚达 759 页[199]。简言之，它的主要任务是研究将函数的各种光滑性度量与它们的傅里叶级数和变换的不同收敛性质联系起来的定理。

因此，正则理论始于自然问题，但它已经成长为一个怪物，吞噬一切。数学家因为担心解是否存在而不关心如何求解进而被取笑，但同样讽刺的是，他们担心正则性。他们关心的问题是"研究的对象有多光滑"。尽管科学家和工程师几乎不关心这个问题，但这个问题以成百上千种形式主导着实分析和偏微分方程理论。它得到的关注远远超过你认为的那些更基本的问题本应得到的关注。比如，用这个方程为某个科学问题建模能有多好？如何求解相应的方程？得到的解是什么样子的？它们揭示了什么现象？

和之前提到的例子一样，数学家沉迷于清晰度、通用化，以及所涉及的技术难题。我刚刚查阅了今年由施普林格旗下期刊《偏微分方程与应用》和纽约大学的期刊《纯数学与应用数学通讯》发表的论文。在 17 篇论文里，标题中提到正则性的有 5 篇。

本书的主题之一是我们经常看到纯数学家在做一件事，而数值分析专家在做另一件事。但偏微分方程的正则性理论是一个例外，因为在这个主题里，数值分析专家遵循着理论专家的研究成果。我特别要提一下求解偏微分方程的主要技术——有限元方法。在有限元数值分析文献中，你很少会看到一个问题的描述——更不用说关于它的研究——是在索伯列夫空间之外的。如果是一个流体力学问题，可以假设速度属于 $\mathbf{H}^1$，压力是 $\mathbf{H}^0$，压力的梯度为 $\mathbf{H}^{-1}$（一个具有 "−1 阶导数" 的函数空间）。有限元的离散化及其收敛理论是适用于这些空间的。一切都以优雅的方式相互连接，完美地结合在一起。

这是令人印象深刻的，但它与在应用中的函数一起出现的情况很少。让我解释一下。很久以前，在欧拉和拉格朗日[200]的那个时代，函数源自公式是默认情况，这意味着它们在本质上是解析的。

我认为这是 18 世纪的函数概念。随着数学的发展，默认假设走向了另一个极端，即函数仅仅是连续的，我认为这是 20 世纪的函数概念。也就是说，有一阶或半阶导数是和这种假设稍有不同的。

但实际情况中的函数通常又是另一回事，如图所示。

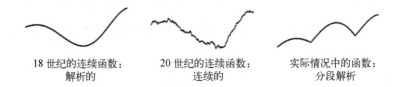

18 世纪的连续函数：　　20 世纪的连续函数：　　实际情况中的函数：
解析的　　　　　　　　连续的　　　　　　　分段解析

除了在某些孤立点（或更高维度的曲线或曲面）有跳跃或存在一些奇点，它们不仅仅是连续的，而且是解析的。比方说对矩形而言，在与科学兴趣相关的偏微分方程问题里，这种定义域是最简单的。在矩形的角上，方程的解可能是奇点；而在矩形的边上，解可能是解析的。这种函数在实分析或偏微分方程理论里几乎没有地位。事实上，即使是格里斯瓦尔写的关于带角域的偏微分方程分析的大作 [201]，其前 80 页讲的也是索伯列夫空间，而你本以为它一定会讲一种不一样的函数概念。因此，我们的数学分析，以及标准形式的有限元算法都无法识别和利用完美的光滑性，而这个性质在许多函数的定义域上几乎是无处不在的。

如果按照索伯列夫理论的长度（不是在某些孤立点上），构造一个连续函数，或者一个只有一两阶导数的函数，你知道有多难吗？直到 1872 年魏尔施特拉斯的著名例子发表，人们甚至不知道这种情况是可能的。如今，首选的方法是采用布朗运动的数学理想化，它用极小的随机脉冲推动曲线在路径的每个点上或上或下地运动，在 20 世纪，针对这类例子的构造方法就是这样的。当然，在某些应用中确实需要这种函数，但它们只是例外。然而，每次偏微分方程理论专家或数值分析专家在索伯列夫空间研究问题时，他们都暗中使用这种糟糕的函数模型，并可能采用那些收敛速度相应较低的算法。

19

克利夫·莫勒和 Matlab 软件

在讨论泛函分析和 Chebfun 软件之前，我必须先说一下克利夫·莫勒和 Matlab 软件。*

第一次见到克利夫·莫勒是在我还是研究生的时候。他去了斯坦福大学，塞拉屋到处是他那响亮而友好的声音。莫勒是欧洲人的"对立面"；作为一个跨大西洋的灵魂，我爱欧洲人和他们的"对立面"。只要有莫勒，就没有废话。他没有兴趣和你讨论你研究的问题和伪微分算子理论之间的关系。他只想通过计算来完成工作，而在这方面，没有人比他做得更好。莫勒和高德纳年龄相仿，在高德纳撰写离散算法分析方面的巨著时，莫勒开创了数值软件的新时代。他是 20 世纪 70 年代基础软件包 EISPACK 和 LINPACK 的作者，他还出版了两本颇具影响力的基于软件的数值分析教材。随后（1977年左右），莫勒在新墨西哥大学的计算机科学系发明了 Matlab，并由此改变世界。

---

* 正确的写法应该是 MATLAB，但我不喜欢这种写法，所以我写成 Matlab。

一开始，Matlab 是 EISPACK 和 LINPACK 的一种接口。程序的原理是：与其要求程序员通过复杂的调用序列来使用 Fortran 子程序，不如让它们在终端进行交互式计算，输入一个类似 eig(A) 的命令来计算矩阵的特征值，或者通过 A\b 来求解线性方程组。*所有恰当的地方都能调用到正确的算法，而用户不需要知道细节。起初，许多人认为 Matlab 只不过是一个玩具，它能在课堂上使用，但并不适用于"真正的"计算。但没过多久，它就成了一种编程语言和一种交互系统。1992 年，莫勒、约翰·吉尔伯特和罗布·施赖伯赋予了它处理稀疏矩阵的能力，Matlab 就此成为了一种正式的数值计算工具。不过，Matlab 仅限于桌面计算规模，而不能用于进行天气预测或化学分子分析计算的超级计算机规模。

在 1978 年～1979 年的冬季学期，莫勒趁休假再次来到斯坦福大学教授"CS238b"课程，开课时间是每周一、三、五的 12 点。我、玛莎·伯杰和兰迪·莱韦克都在课堂上，看他用 Matlab 解释求解矩阵特征值的算法。当时，我正在研究逼近论和保角映射，并开始涉足偏微分方程；我不确定 Matlab 给我留下了什么印象，但它确实给班上的工程师留下了深刻的印象。几年后，当我在麻省理工学院的助理教授办公室时，我记得莫勒进来介绍一个年轻人给我认识。"这

---

* 在我看来，eig(A) 集中体现了数值分析对技术世界的贡献。物理学家、化学家、工程师和数学家都知道计算矩阵的特征值是一个已经解决的问题。只需调用 eig(A)，或使用其他语言里与之等效的函数，就可以使用好几代数值分析专家的工作成果，其中涉及的 QR 算法是完全可靠、高效且悄无声息的。在我的笔记本电脑上，对于一个 1000 × 1000 的矩阵 A，通过使用 eig(A)，我们只需半秒钟就能计算出所有的特征值。

是杰克·利特尔[202]，"他说，"他开了一家公司，正在销售 Matlab。"*

那时，我是麻省理工学院应用数学学院唯一的数值分析专家，我教线性代数课程，在地下室有一台 Sun-1 工作站可以用。我获得了总统青年研究者奖，我有钱花；当有机会从新公司购买 Matlab 时，我便下了订单，以 500 美元的价格买了 10 套。（我的学生——现任麻省理工学院教授艾伦·埃德尔曼[203] 在他写的关于随机矩阵条件数的经典著作里使用了其中的一份许可证。）10 年之后，MathWorks 公司才告诉我，我是他们的第一批客户。他们给了我一块纪念牌，我把它放在了我的办公室里。纪念牌上写着："第一批 MATLAB 订单来自尼克·特雷费森教授，1985 年 2 月 7 日。"还有一块纪念牌挂在了位于马萨诸塞州的 MathWorks 总部的墙上。

我说 Matlab 改变了世界，当然指的是数值分析专家、应用数学家和工程师的桌面计算世界。特别是，它改变了我的研究生涯。如果说我在读研究生的时候对它还没什么感觉的话，那么当我成为一名拥有工作站的初级教员时，情况发生了变化。当然，如今的工作站已经搬到楼上的办公室里了。我发现 Matlab 非常适合我的研究风格和教学风格。我在哈佛大学写本科毕业论文时，开始用 Fortran 语言做数值实验；现在我有了一个更自然的平台，它成为我数学生活的一部分，我一直很依赖它。从那时至今已经有 37 年了，也就是大约 1.4 万天，我估计其中有 1.2 万天我都用到了 Matlab。

---

* 1981 年 8 月，IBM 推出了个人计算机。

20

10 位数

精确的数字一直让我着迷，因为它们是问题被解决的标志。当然，有些问题可以在解析公式的意义上精确地求解，但这些是例外。大多数情况是没有公式的，只能做计算。举一个简单的例子：找到一个数，使它的余弦函数与其自身相等，即 $x = \cos x$（答案是 $x = 0.7390851332...$）。

在成为牛津大学的数值分析教授并负责数值分析组的两年后，我开启了一个持续了 15 年的传统。每年 10 月，都会来五六个新生，他们会与我和其他老师一起启动博士课程。作为一个美国人，我习惯于研究生用一两年的课程来扩充他们的知识；我不喜欢英国的学制，它让这些 21 岁的年轻人直接开始全职研究那些往往过于学术化的问题。所以，我决定要求他们在第一学期中参加所谓的"问题解决小组"。在为期 6 周的时间里，我每周都会提出一个问题，这些问题通常只要一两句话就能说清楚，而它的答案则是一个可以通过数值计算得到的数。在这期间，我不会给他们任何提示。学生要迎接的挑战是：两人一组，计算出的结果的精度要尽可能高。下面列举了曾经提出的一些问题。

粒子从一个每边有 30 个点的三角形阵列的顶部开始，然后随机走 60 步。该粒子最后停在最下面一行的概率是多少？

$\sum_{n=2}^{\infty} \sin n / \ln n$ 等于几？

有 3 个体积为 1 的正四面体，能把它们包含在内的最小球体的体积是多大？

$\int_0^1 (\sin \tan \tan \pi x)^2 \mathrm{d}x$ 等于几？

有一根长度为 1 的针，其表面满足高度函数 $h(x) = 0.1x^2 + 0.1\sin 6x + 0.03\sin 12x$。针的中心的最低高度是多少？

若 $\varepsilon > 0$，并且满足方程 $\varepsilon u'' + u - u^3 = 0$ 和 $u(\pm 1) = 0$ 的解正好有 5 个，那么 ε 的最小值等于几？

求 $\sum n^{-1}$，其中 n 是所有用十进制表示时，不包含数码 42 的正整数。

若 $u_t = \Delta u + \mathrm{e}^u$ 的定义域在一个具有零边界的 3×3 的正方形里，并且初始值为 ∞，那么什么时候 t_∞ 是方程的解？

如果 $f(x, y) = \exp\left(-(y + x^3)^2\right)$，$g(x, y) = \dfrac{1}{32}y^2 + \mathrm{e}^{\sin y}$，在 x-y 平面上的某个区域中 $f > g$，求这个区域的面积。

有两个质量为 1 的相邻实心单位立方体，它们根据牛顿定律相互吸引，其中引力常数 $G=1$。求它们之间的引力。

　　如果不是数学家，可能无法认识到这些问题有多么不寻常，也无法意识到它们的古怪程度。它们没有科学上的需求，也没有常规数学的需求。它们的动因源自算法，其目的是测试学生是否能够充分理解问题的结构，从而真正解决问题。组员被鼓励查阅任何信息，也可以和朋友或老师讨论。我们努力了好几周后，取得了一些令人满意的成果。在活动前夜出题时，我有时会犯错误。比如，有一个问题的答案是 ∞，但我没有提前发现。不过幸运的是，大多数问题都很有意义。还有一些问题出人意料地得到了精确解。最令人惊讶的例子是上面的"两个立方体"问题，科罗拉多大学的本特·福恩贝格后来为它推导出一个极其复杂的精确公式，它是一个由 14 项组成的和，其中包括 $35\ln\left(1+\sqrt{5}\right)$ 和 $22\tan^{-1}2\sqrt{6}$。当然，为了检验解的正确性，我们将其与数值计算结果 0.9259812605... 做了比较。2011 年，由迪克·施莱歇和马尔特·拉克曼编辑的 *An Invitation to Mathematics*（《数学之邀》）的某一章特别讲述了整个过程；我在 2020 年的《伦敦数学学会通讯》的专栏中也提过它。关于该问题的更多信息可参阅在沃尔夫勒姆研究公司 [204] 的迈克尔·特罗特和慕尼黑大学的福尔克马·博尔内曼 [205] 所做的研究。

2002 年，在"问题解决小组"运作了几年之后，我决定为牛津大学以外的人组织一次数值计算活动。我选了 10 个问题，并以"SIAM：100 美元 - 100 个数"为标题发布在《SIAM 新闻》上。参赛选手可以 6 人一组，每道题的精确度必须达到 10 位数，得分就是答对的数的总和。这项挑战活动得到了大量关注，有 20 支队伍获得了满分 100 分。（这 20 支队伍分别赢得了 100 美元，这得感谢一位匿名捐赠者。后来我们知道这位捐赠者叫威廉·布朗宁。）由福尔克马·博尔内曼、德克·劳里、斯坦·瓦贡和约根·瓦尔德福格尔撰写的 The SIAM 100-Digit Challenge: A Study in High-Accuracy Numerical Computing（《SIAM 100 个数的挑战：高精度数值计算研究》），精彩地讲述了整个赛事，其中的数学细节远远超出我之前的预期。在那本书里，博尔内曼等人成功地解决了其中 9 个问题，并将精度提升到 10 000 位数，而第 10 个问题的精度也达到了 273 位数。2016 年，博尔内曼在文章 "The SIAM 100-Digit Challenge: A Decade Later"（《SIAM 100 个数的挑战：10 年后》）中描述了问题的后续进展情况。

随着这项挑战渐渐出名，人们开始把我和"计算到 10 位精度"的项目联系在一起；我意识到这就是我信奉的哲学。我认为 3 位精度是"工程精度"，它是在复杂的几何问题或物理问题中所需要的，而 10 位精度则是"科学精度"，当问题被理想化时，它是一个很好的目标。对于一项应用而言，3 位精度通常已经足够，但如果想要进一步地研究工作的计算基础，那么它远远不够。3 位精度和 10 位精度在算法上也存在分水岭。虽然许多算法解决问题的精度可能很低，例如被称为蒙特卡洛分析的随机模拟，但除非能更全面地掌握数学，否则通常无法得到 10 位精度。另一个需要考虑的问题是，在物理学中，虽然许多物理量的精度是 5~10 位，比如光速或普朗克常数，但超过这个精度的并不多，所以用 10 位精度是合理的。最后，就舍入误差而言，10 位精度比 16 位方便得多，因此通常可以通过标准浮点运算实现。

我写过一篇关于这种数值计算思想的文章，题为《10 位精度算法》。在这篇文章中，我通过 3 个条件定义了"10 位精度算法"：

10 位精度，5 秒钟，1 页纸。

在计算机语言中，10 位精度的算法应该可以用 1 页代码表示，它应该在不超过 5 秒的时间内完成计算。这个定义有很多考虑，特别是 5 秒是指在人类可接受的时间范围内完成计算，因此优秀的研究人员才不会拒绝进一步调参、探索、确认。（人们习惯于进行耗时数分钟或数小时的实验，由此导致了不少错误。）我的文章在 2005年作为牛津数值分析组的报告发布，它以 1 个要点列表和 3 个忠告作为结尾。

10 位精度算法可以：

改进我们的出版物；

加快程序开发；

使我们的数值方法更快；

使我们的科学成果更可靠；

便于比较想法和结果；

为课堂增加关注点；

激发对我们这个领域的热情。

基于这些规则的挑战提高了我们的标准和期望。这对学术界有好处，也为非学术界打开了一扇扇更宽广的门。而且它趣味盎然！

除了技术报告，没有关于 10 位精度算法的文章被发表过，事实上，它曾被 arXiv 拒稿。我有两次试图在那里发表文章，但两次得到的回复都是"很遗憾这篇文章不够充实"。显然，arXiv 拒稿的原因不一定非得是在爱因斯坦的相对论中找到某处缺陷，或是发现 666 的新特性。

21

泛函分析：白手起家的 Chebfun 软件

得益于威尔金森、戈卢布、莫勒等数学家，以及 EISPACK、LINPACK、Matlab 等计算软件，数值线性代数成为了一个蓬勃发展的行业。它的方法广为人知，并被传授给世界各地的新学子们，其部分内容来自我写的教材《数值线性代数》。本书是我与戴维·鲍一起写的，当时我正在康奈尔大学任教，之后便搬到了牛津。这次成功有一个解释，即计算科学可以归结为线性代数，但在某种程度上，冯·诺依曼和其他先驱没有预测到。科学问题或许会用非线性偏微分方程来表示，比如天气预报，但可能只要把它简化为两步，就能在计算机上得到答案。

线性化：非线性→线性

离散化：分析→代数

这里的第二步，即离散化，是 Chebfun 软件擅长的。正如上面的两个步骤所示，通常在我们处理离散向量和矩阵时，它们是离散的，仅仅因为我们为了适应计算机而对它们做了离散化处理。我们更喜欢处理它们对应连续的部分——函数和线性算子，Chebfun 软件的目标就是让这成为可能。就像我们计算诸如 e 和 $\sqrt{7}$ 这样的数时，不用考虑它们如何在 64 位浮点算术中近似一样，我们希望能使用 $\sin x$ 和 e^x 这样的函数进行计算，而不考虑它们如何对 x 进行离散化。

实现这个目标的"大门"是引入面向对象编程的 Matlab。面向对象编程的核心思想之一是**重载**，当需要进行某项操作时，在不改变语法的情况下，赋予其新的含义。Matlab 的语法已经封装了几代人开发的矩阵算法。如何保留这个框架，只需重载操作并引入适当的新算法，就可以让我们的程序处理函数和算子，而不是向量和矩阵呢？我们将在计算机上做连续的线性代数，它通常是用户首先希望得到的。

Chebfun 软件的展开方式有点像 Matlab 自身的展开方式。起初，我们的期望只是这项实验或许会很有趣，但可能没什么大用处，因为执行的速度肯定会很慢。但是，我们惊讶地发现它实际上是如此之快。不久之后，我们就将 100 个 Matlab 命令重载到对应的连续版本上，包括像奇异值分解这样的主流数值线性代数操作。在数学和算法上，一切都是新的，必须弄清楚它们。当我们允许函数是分段的而不仅仅局限于全局光滑，并且输入可以是两三个变量而不只是一个的时候，我们就向实用性迈出了一大步。在这些发展中，起到关键作用的人包括：我的博士生里卡多·帕琼和亚历克斯·汤森以及我的博士后罗德里戈·普拉特和贝赫纳姆·哈希米。当我们重载Matlab矩阵系统的反斜杠运算符，用线性方程组 x=A\b 求解常微分方程 u=L\f 时，我们又迈出了一大步。在慕尼黑大学的福尔克马·博尔内曼带领下，托比·德里斯科尔和后来的奥斯吉尔·伯吉森及尼克·黑尔完成了 Chebfun 软件的微分方程部分。（黑尔如今在斯泰伦博斯大学工作，他在 2014 年指导了 Chebfun 软件第 5 版的大版本发布工作，他编写的 Chebfun 代码比别人都多。）在没有任何计划的情况下，Chebfun 软件已经成为最方便的求解常微分方程的软件工具。博士生安东尼·奥斯丁、尼古拉·布莱、阿比·戈帕尔、赫罗斯加、穆赫辛·贾韦德、哈德里恩·蒙塔内利和马克·理查森，博士后贾里德·奥伦齐、西尔维乌·菲利普、佩德罗·贡内特、斯特凡·古特尔和徐宽，我的同事中司由纪，以及博伊西州立大学的假期访问学者格雷迪·赖特也都为 Chebfun 软件做出过贡献。希瑟·威尔伯还在博伊西州立大学上研究生课程的时候扩展了 Chebfun 软件的功能，使其得以在圆盘面上处理函数。

15 年来，这种连续模式的数值计算一直是我的世界。我每天使用的不只是 Matlab 软件，还有带 Chebfun 功能的 Matlab 软件。我不知道 Chebfun 本身会存在多久，但是把向量操作重载到函数的想法将会一直延续。

这让我想到了泛函分析。自 20 世纪初弗雷德霍尔姆[206]、希尔

伯特和施密特 [207] 提出泛函分析以来，它一直是数学的主要领域之一，也是牛津大学另一个数学研究组的研究重点。函数分析可以定义为：

将线性代数做连续化类比的研究。

这不是你通常会看到的表述方式，但它是问题的本质。泛函分析是数学的一个领域，我们对函数而不是离散向量进行线性代数运算。

你看到它和 Chebfun 软件的联系了吗？

奇怪的是，到目前为止，两者之间几乎没什么联系。为了解释这种情况，我们必须注意，对数学家来说，"连续"一词意味着空间从有限维过渡到无限维，任何无限的东西都极具技术挑战性。事实上，严格对待无穷，例如康托 [208] 的集合论和勒贝格的积分论，可能是过去 150 年来数学变得更加技术化的最大原因。这些挑战丰富多彩，是泛函分析领域的源泉。例如，线性代数中矩阵特征值的概念，如果想使其对连续统也是严格的，就需要把它变成"线性算子的谱"之类更高级的概念；它可以分为点谱、连续谱和剩余谱。其他矩阵概念，如零空间和值域，同样也会变得更复杂。有一些重要的定理依然会适用，比如哈恩 [209] – 巴拿赫 [210] 定理和一致有界性定理。在线性代数中，作为普遍规律，它们的结果是很平凡的。邓福德 [211] 和施瓦茨[212]的传世巨作 *Linear Operators*（《线性算子》）一共有 3 卷，厚达 2592 页。

在所有这些文献和泛函分析的全部成果里，有一些东西可能对我们开发 Chebfun 软件有用，但我们如何才能发现它们呢？世代解决真正数学问题的数学结果被证明与我们在计算机上构造线性代数连续化类比的项目目标相距甚远。就在我写这本书的时候，我们系刚刚宣布了这学期的泛函分析系列研讨会的演讲题目，标题分别是《子因子和分类技术在 C* 代数上的应用》和《西格尔[213] – 巴格曼[214]空间上的沙滕[215]类汉克尔算子和伯杰 – 科伯恩现象[216]》。这些属于另一个世界。它们依然无法吸引我，而且毫无疑问，我可能还会错过一些东西。

就 Chebfun 软件来说，我们完全靠着自己，白手起家构建了一切。

22

随机分析：数值与系数

我的第 5 个也是最后一个领域和前面的有所不同。之前那些领域的专业知识是我多年来花功夫积累的，但最后一个领域是我从 2016 年才开始进入的。

关于概率论的数学已经存在了很长时间，它在 20 世纪取得了长足的进步，但对数学家而言，它仍然是一个专门学科。例如，20 世纪 80 年代，我在库朗研究所做博士后时，尽管有一两位概率论专家在职（亨利·麦基恩 [217] 是大名人，拉古·瓦拉达汗 [218] 后来获得了阿贝尔奖），但每个人都知道主题是偏微分系统。不过不知为何，近年来，概率论已经转到了"舞台的中心"。你可以从世界各地的数学系发现这一点。从 2006 年开始，菲尔兹奖就有固定比例授予与在概率论领域取得进展的数学家，更不用说瓦拉达汗和弗斯滕伯格 [219] 都得到了阿贝尔奖。在纽约大学数学系的网页上目前列出了 72 位教授，其中 14 位教授的兴趣方向包括偏微分方程，还有 14 位的兴趣方向包括概率论和（或）推断统计学。如今，有一半的学术演讲看起来都与概率论有关，包括那些在数值分析和科学计算研讨会上的演讲。我刚查了一下，发现这次研讨会的下一个演讲标题就是《利用随机模拟和机器学习的概念进行有效的贝叶斯[220]推理》，这是完全可以预见到的。

我对概率论的崛起半信半疑。在某种程度上，我认为这很重要，也令人兴奋，比方说，机器学习无疑需要概率论基础。对于足够大规模的计算问题，最好的算法似乎绝大多数用到了随机性。我的疑虑在于，推动这种趋势的是不是更多的是为了想把问题放大，而不是出于真正的科学需求。有时候，我们的计算机似乎变得过于强大，以至于那些老生常谈的问题不再具有挑战性，所以我们把常量升级为随机变量，使它们变得更难。最近，我批改了一篇学生论文，那篇论文用年轻气盛的语气解释道，过去科学家用微分方程来建模，而如今人们认识到需要用随机微分方程来取代它。

不过，有许多随机分析是合理的，而且毫无疑问是很有趣的。确实，人们着迷于随机现象，我认为这反映了人类内心深处的某些东西。如果你模拟一个随机过程，你会发现它似乎具有某种生物般的特性，你会想要进一步探究。

几年前，Chebfun 项目曾遇到过一次挑战。像每个计算系统一样，Matlab 也有一个生成随机数的命令。如果输入 `randn(1000,1)`，就会得到一个包含了 1 000 个元素的向量。那么它的连续化类比是什么呢？Chebfun 软件的 `randn` 命令的输出应该是什么呢，抑或我们最终该叫它 randnfun？

　　上面的草图就是我们的答案。它是 Chebfun 命令 cumsum (randnfun(0.001)) 的输出图示。该命令中的 cumsum 代表不定积分，即累加求和的连续化类比，randnfun(0.001) 近似于白噪声。数学家称这样的曲线为**布朗路径**，它是一种随机漫步，对每一步都是无限小的无限多步取极限值。1900 年后不久，阿尔伯特·爱因斯坦、让·佩兰 [221] 和其他物理学家明白了布朗路径的基本特征，包括它那有趣的"连续但不可微"特性。诺伯特·维纳 [222] 在 20 世纪 20 年代开始将这个理论变得更加严谨。随机分析目前仍在发展之中，例如，2014 年，马丁·海勒因其对非线性随机偏微分方程的严格化处理而获得了菲尔兹奖。

　　如今，想要描述一个函数，我们总会有两种选择："空间和傅里叶空间"或"空间和对偶空间"，或者像 Chebfun 团队喜欢说的："数值和系数"。$f(x)$ 可以通过 x 在每个点上的数值表示，也可以用一个无穷级数表示。如果是后者，那么处理的就是系数。这种对偶性可以追溯到 200 多年前随拿破仑 [223] 远征埃及的约瑟夫·傅里叶

（或者 18 世纪的亚力克西斯·克莱罗[224]）。就像我之前提到过的巴里·西蒙的那本 759 页的巨著一样，它被证明是成果最为丰硕的数学思想之一，虽然遇到了不少技术方面的挑战。

就 randnfun 命令而言，我们发现必须选择系数方法，因为 Chebfun 必须是光滑的，它需要用多项式表示。我们确定的规范是让 randnfun 输出一个对应于具有随机系数的有限傅里叶级数的 Chebfun 程序，级数的项数由一个参数指定。在上面的 randnfun 命令中，这个参数等于 0.001，它代表级数有 1 000 项。

与之前一样，布朗路径还可以使用数值方法。在这种方法中，我们在每个单一的点上估算 $f(x)$，需要用到的参数是我们估算的点的数量。就像维纳亲自证明的一样，这两种方法在数学上是等价的，不过要用 Chebfun 软件实现的话，只有一种方法是合适的。

随机分析不仅包括随机函数，还包括随机微分方程。随机微分方程的缩写是 SDE，它也可以用这两种方法。方程的解可以通过系数表示，Chebfun 软件就是这样处理的。它还（出人意料地）可以用来探索 SDE 现象，并且就这方面而言，正如我们在 2017 年的《美国工业与应用数学学会综论》上发表的论文和我们出版的 *Exploring ODEs*（《探索常微分方程》）一书第 12 章中所描述的那样，它是世界上最简单的工具之一。你也可以用数值来表示解，这是由日本数学家伊藤清[225]于 20 世纪 40 年代首先提出的方法。在 20 世纪 60 年代，王佑曾[226]和摩西·扎卡伊[227]证明了随机微分方程的数值和系数方法是等价的。

　　这对我来说是一次有趣的智力之旅，我发现了 Chebfun 软件可以在随机函数领域做一些有用的事。在此过程中，我也遇到了一些功能强大的数学知识。发现我们已经创建了一个很好的工具来解决随机微分方程，真的是幸事一件！

　　但从社交的角度而言，这种经历就没那么好了。和往常一样，为了了解我需要什么，我本能地向每个人求助——我通过电子邮件联系熟人，或者在公共休息室里当面请教专家。我很担心没人能和我聊得起来。我很快发现，随机分析专家不喜欢系数方法。尽管它比数值表示方法所要求的伊藤清和斯特拉托诺维奇 [228] 积分简单，也比与之相关的欧拉－丸山和米尔斯坦数值方法简单，但是这些专家不用这种方法，也不会将其教给学生，或把它写进教材。事实上，直到后来我才慢慢了解到这两种表示方法在文献里早就有了，并且已经被证明是等价的。

　　每个上过微积分课程的人都知道积分的概念，但只有那些学习过更高级数学的人才知道"测度论"。随机分析的数值表示方法与测度论的表示方法在技术复杂度方面很接近，不过，数学家坚持说这种表示方法必须从一开始就教授给学生。我一直无法确定为什么他们如此执着于这一点。想象一下，如果我们告诉学生，他们必须先学测度论，然后才能讨论积分会是什么样的情景。*

―――――――

　　* 这是我们发表在《美国工业与应用数学学会综论》上的论文里的最后一句话。

正如我所说，我发现很难与随机分析专家讨论这些问题。我在公共休息室里终于明白了可以通过数值或系数定义布朗路径和随机微分方程，并且渴望了解这两种方法的优缺点，希望了解为什么随机分析专家、生物学家和金融数学家（但不包括物理学家）使用数值方法而不是系数方法。这个话题令人着迷，但在关于它的对话中，我没有感受到任何激励人心的乐趣，我觉得对方只会告诉我别烦他们，让我去研究高斯过程、正则结构，或是粗糙路径理论。

你知道其中令人困惑的地方是什么吗？众所周知，向一个缺乏必要背景的人解释某些事情是多么地困难，且对方会提出一些愚蠢的问题。但是，除了数学这门学科之外，还有其他学科会出现这种在同一个系的资深教授之间发生的"动态博弈"吗？

23

今日数学

很难说我不是数学家。然而，我所描述的职业是这样一种情景：几十年过去了，我在这个行当里站稳了脚跟，但感觉自己正在离它远去。

在我年轻的时候，我想当然地认为，更主流的数学家，即每个专业领域的领导者，都明白在他们的领域里的重点是什么。因此，当我发现自己的工作并不是建立在他们所做的基础之上时，我感到很困惑。我研究问题并做出了一些有益的贡献——它们通常是一些真正的发现，但对于这些领域里的非数值分析的专业知识，我从来都没有掌握过，甚至直到最后我连门道都没摸清。事实上，我会偶尔开玩笑地说：

> 数值分析是对上个世纪数学的研究。*

---

* 这种"相对参照系"需要有数学幽默感。有一本关于分形的教科书甚至在题词处写道："致我的现任妻子"。

尽管是开玩笑，但我私下里把出现这种情况的原因归结为自己的不足。我知道我做得很好，但我想，如果我有足够的人格魅力去吸收阿达姆简、阿罗夫和克赖因的论文成果[229]，来帮助我研究卡拉特奥多里－费耶尔逼近，如果我在库朗研究所研究偏微分方程时，能让自己沉浸在伟大的路易斯·尼伦伯格[230]的理论里，或者在我写关于伪谱的书时，能消化邓福德和施瓦茨的成果，那将会变得更好。年复一年，我觉得自己没能达到目标。

人们可能从上面的逻辑中发现了一个潜在的漏洞。倘若忽视大师真的是一种错误，那么在我的职业生涯里，我就会经常看到自己的研究成果后来被发现曾由别人率先做出过，或者被证明没有成效。然而，这种情况到目前为止还没有发生。我所做的一切都是原创的，当然，它们的重要性各不相同，但我的工作几乎从未出过错，也不曾冗余重复。事实上，很明显，如果我在这方面投入的精力多了，在另一方面投入的就会少。人们的精力是有限的，不管怎样，如果我把自己与当时的数学联系得更紧密一些，我就会变成另一种样子的研究者。我将会更像是一位纯数学家，而不是数值分析专家。

考虑到这种来自不同群体的有价值的贡献，我认为一定会得出这样的结论：本书开头所说的工作分工，即纯数学家研究概念，数值分析专家开发算法，太过简化了。在职业生涯的许多时刻，我发现已有的概念并不准确：阿蒂亚的面包屑也有往上"掉"的，或者至少应该有往上"掉"的。例如，我提到过对非对称矩阵和算子而言，我们证明了特征值并不具有一般认为的重要性，而伪谱则更重要。又例如，多年来，我慢慢意识到，尽管我写了一些关于数值保角映射的论文，甚至还编辑过一本关于数值保角映射的书，但对于它的最著名的应用（解决复杂定义域上的偏微分方程）来说，它实际上并不是一个好方法。还有，在处理平方、立方和超立方函数逼近时，我发现用"次数之和"作为多元多项式的阶数的标准概念并不妥当；相反，我们应该用"欧几里得次数"。这个术语是贾里德·奥伦齐提出的。在最后一个例子中，也就是第 4 个例子中，我发现尽管一个世纪以来的文献都说高斯－埃尔米特求积法是在无限实数轴 $-\infty < x < \infty$ 上对函数求积分的最优方法，但实际上它比其他一些更简单的方法（如梯形积分法）效率低得多。第 4 个例子的整个过程，证明了逆向尤吉语录有一个共同特点，那就是有时候你很快就能发现现有的表述是错的，但仍可能需要相当多的工作量才能确定问题的症结所在。

因此，也许我没有妄担"数学家"的名号，但这并没有解决我的困惑。倘若不去认真关注逼近论、复分析、实分析与偏微分方程、泛函分析和随机分析等领域的翘楚们的工作，那么这个世界上的数学将会变成什么样呢？

我不完全知道答案，但这或许是一个开始。一门学科在一定程度上是由它的主旨来定义的。尽管有些人会毫不犹豫地认为这个定义过于简化，但是对连续数学而言我认为它的主题是：

数、函数和方程。

但它也可以由与其相关的方法论来定义。对于任何一种数学来说，可以说有两种截然不同的方法论：

(A) 定理和证明

以及

(B) 算法和计算。

我相信，我的经验已经在某种程度上表明人们几乎不会认为 (A) 和 (B) 能够相互独立地运作并获得成功，而事实是它们长期以来一直是这样运作的，且两者都取得了有效的进步。但奇怪的是，它们彼此之间没有什么关系。当然，这两者之间还是会时不时地互通有无。不过，有些数学家主要用方法 (A) 推进数学，而另一些则在 (B) 的大背景下同样做出真正的成果。我们这些属于 (B) 的人并不拒绝定理和证明，实际上我们经常得到属于我们自己的定理和证明。我在许多方面就曾有多次这样的经历。但在大多数情况下，我们忽视了那些代表今日数学前沿的定理和证明——如果你愿意，可以称其为"菲尔兹奖数学"。

　　这是多么奇怪的情况啊！我可以高兴地说，在数学谱系的两端，以及在这两端之间的每一点上，研究人员都是卓有成效的；但即便如此，人们还是希望这种割裂的程度能够越来越小。

　　作为美国和英国的双重公民，我把纯数学和应用数学也做一下类比。没有人会说美国社会和英国社会是一样的，或者应该是一样的，但它们肯定是有关联的。如果两者之间有良好的沟通，那么彼此肯定会更加强大。纯粹数学和应用数学的现状让人觉得就像是英美之间只是偶尔通过来往的帆船进行交流。

　　有些人认为，理论物理学正处于某种危机状态，它是由未经实验证实的弦理论占据了统治地位而造成的。我认为今日的数学也面临着类似的情况。我们数学界有很大一部分人与现实脱节，但同时又极度迷恋抽象和技术。不过，用"危机"这个词来描述这两种情况，可能有些过分。物理学和数学是人类不断取得的伟大成就，它们一如既往地既充满活力又强大无比。恕我直言，关于我所知道的数学，它目前的状态并不是它本可以达到的理想状态。对于下一代学人而言，让数学领域中的关系变得更加紧密是一项艰巨的挑战。

致谢

在美国工业与应用数学学会执行主编伊丽莎白·格林斯潘的鼓励下，本书于 2022 年初撰写完成。在写作过程中，我的许多朋友和同事不但对书稿进行了批评指正，还提出了新鲜视角，改进了语气措辞。在此，我要感谢彼得·巴杜、福尔克马·博尔内曼、约翰·布彻、罗布·科利斯、汤姆·德利洛、托比·德里斯科尔、帕特里克·法雷尔、纳撒尼尔·富特、阿比·戈帕尔、阿兰·戈里耶利、尼克·古尔德、尼克·黑尔、麦克·希思、德斯·海厄姆、尼克·海厄姆、高德纳、赖纳·克雷斯、兰迪·莱韦克、菲利普·迈尼、凯特·麦克洛克林、克利夫·莫勒、大卫·曼福德、中司由纪、迈克尔·奥弗顿、格林德·普朗卡、洛塔尔·雷赫尔、迈克尔·桑德斯、罗伯特·沙巴克、罗布·施赖伯、吉尔伯特·斯特朗、史蒂夫·斯特罗加茨、恩德勒·许利、亚历克斯·汤森、雅各布·特雷费森、迪瓦卡·维斯瓦纳特、埃利亚斯·韦格特和安德烈·韦德曼。他们中的一些人逐页给出了详细的建议，同时也引发了许多有趣的讨论。

我还要感谢纳特·富特，他在本书开始动笔的关键阶段给予了我特别重要的支持；还要感谢凯特·麦克洛克林，她是我遇到过的最好的编辑。

作者介绍

　　劳埃德·尼克·特雷费森是美国数学家，牛津大学数值分析教授和数值分析小组负责人。他曾在纽约大学、麻省理工学院和康奈尔大学任教，1997年转投牛津大学。他是英国皇家学会院士，曾任美国工业与应用数学学会主席。2023年下半年，他即将赴任哈佛大学应用数学教授一职。

这张照片拍摄于1977年的斯坦福大学研究生时代。照片上前排从左至右依次是：劳埃德·尼克·特雷费森、斯蒂芬·纳什、玛莎·伯杰、霍坎·埃克布洛姆、彼得·比约斯塔德和史蒂夫·利昂。后排从左至右依次是：兰迪·莱韦克、吉姆·威尔金森、肯·布贝、吉恩·戈卢布、比尔·库格伦、瓦尔特·甘德、富兰克林·卢克和埃里克·格罗斯。（小组成员迈克尔·希思摄）

译后记

因为我翻译了《一个数学家的辩白》，图灵公司在引进这本《一个应用数学家的辩白》后，便自然想到让我接手翻译工作。在此感谢编辑杨琳老师的信任和鼓励。这是我第一次翻译特雷费森教授的著作。在翻译过程中我和教授保持了良好的沟通，我向他请教问题，帮他找到了第一个"印刷错误"。我还请他撰写了中文版序言，序言的译稿经过了他的中国同事的审定。

《一个应用数学家的辩白》是作者的"自传"，讲述了他从幼年到现今在数学方面的成长历程。它也体现了作者对数学学科的"感悟"。作者着重讨论了与他息息相关的 5 个专业领域的特点，更为我们"揭示"了"纯数学"和"应用数学"之间的疏离。

诚如作者在卷首所说，本书也叫《一个数值分析专家的自白》，其主旨是关于数值分析的。我曾将《辞海》中的"计算方法"翻译给作者，其描述如下。

【计算方法】亦称"数值数学"。研究代数、微分方程、泛函分析、统计数学等各类问题的数值解法的一门学科。常用的方法有直接法、迭代法、差分法、有限元法、随机模拟法等。还包括简化计算的理论，如函数逼近论、数值微分、数值积分和误差分析等。好的计算方法的标准是：误差小、算法复杂度低。电子计算机出现后，寻找适当的计算方法以适应不同类型的问题已成为研究的一个重要方面。

作者很认可这个定义，并向我推荐了《数值线性代数》*的附录"数值分析的定义"。那篇文章正是作者在正文中提到的写于 1992 年的文章，其讨论的核心是他为数值分析下的定义：

数值分析研究的是连续数学问题的算法。

经过对比可以发现，《辞海》的定义并不着重于作者"吐槽"的"误差"，它强调的也是"方法"。

书中提到的"纯数学"和"应用数学"之间的纠葛其实到处都有。作者用帆船打比方，也就为解决这种隔阂给出了方案：多多交

_____

* 更多信息可参阅人民邮电出版社出版的《数值线性代数》。——编者注

流——通过大量交流，让有着隔膜的彼此从两端慢慢靠近，相互理解，最终使彼此变得更加强大。

纯数学是美丽的，即便它"华而不实"。记得 ukim* 在"Heroes in My Heart"的结尾写过这样一段话。

> 在一次采访当中，作为数学家的 Thom 同两位古人类学家讨论问题。谈到远古的人们为什么要保存火种时，一个人类学家说，因为保存火种可以取暖御寒；另一个人类学家说，因为保存火种可以烧出鲜美的肉食。而 Thom 说，因为夜幕来临之际，火光摇曳妩媚、灿烂多姿，是最美最美的。
>
> 美丽是我们的数学家英雄们永恒的追求。

然而，数学最根本的还是"实在"。数学不仅是可发现和可观察的 [231]，它更是可使用的。毫不夸张地说，从公元前 1650 年左右的"莱茵德莎草纸"算起，是数学支撑起了人类文明，"数学之用"不仅仅是智力上的炫耀，更是人类力量的源泉。

本书涉及的背景知识更专业，也更现代。为了沿用《一个数学家的辩白》的体例，注释工作也很艰巨。能够把这些知识准确地传递给读者，离不开审读编辑的帮助和指正。在整个翻译过程中，我

---

* 清华大学教授于品当时的网名。——编者注

得到了家人和朋友的支持与鼓励，在此谨致谢意。尤其是小女捷捷，她在看了初稿后，以一个初中生的视角和我交流了她的想法，并为本书的翻译工作提供了有益的建议。尽管如此，本书难免存在疏漏，甚至错误，欢迎读者发送邮件到 dr.watsup@outlook.com 和我交流探讨。我希望这本小书能和《一个数学家的辩白》一样成为"数学散文佳作"，更希望读者在合上最后一页时，能在心中开启更多扇门。

何生

2022 年 11 月 30 日

译者注

[1] Godfrey Harold Hardy，英国数学家。

[2] 更多信息可参阅人民邮电出版社出版的《一个数学家的辩白（双语版）》。

[3] Isaac Newton，英国数学家、物理学家。

[4] Leonhard Euler，瑞士数学家、自然科学家。

[5] Carl Friedrich Gauss，德国著名数学家、物理学家、天文学家、几何学家、大地测量学家。

[6] 牛津大学最著名、最古老的学院之一，成立于 1263 年。

[7] 元世祖忽必烈在位时间为 1260 年至 1294 年。

[8] Gwyned Trefethen，作者的姐姐。她是一位自学成才的艺术家。

[9] 一种在旋转坐标系中移动的物体发生偏转的现象。在确保水流初始状态完全静止的情况下，可以观测相关现象。

[10] 发生于 1967 年 6 月的第三次中东战争。

[11] 纳撒尼尔·富特（Nathaniel Foote）。

[12] Phillips Exeter Acadmy，美国著名的私立高中。

[13] 人民邮电出版社出版的《概率论及其应用》（威廉·费勒著）。

[14] Carl Allendoerfer，曾于 1959 年至 1960 年任美国数学协会主席。

[15] Bill Gates，美国计算机程序员、企业家、微软公司创始人。

[16] Lakeside School，美国著名的私立高中。

[17] 约翰·弗雷利（John B. Fraleigh）写的《抽象代数基础教程》（*A First Course in Abstract Algebra*）。

[18] 鲁埃尔·丘吉尔（Ruel Churchill）写的《复变函数及应用》（*Complex Variables and Applications*）。

[19] I. N. 赫斯坦（Israel Nathan Herstein）写的《抽象代数》（*Abstract Algebra*）。

[20] 数学领域的国际最高奖项之一，素有数学界的"诺贝尔奖"之称。

[21] Lars Ahlfors，芬兰裔美籍数学家，主攻黎曼曲面。

[22] Jesse Douglas，美国数学家，主攻偏微分方程。

[23] Laurent Schwartz，法国数学家，主攻泛函分析。

[24] Atle Selberg，挪威数学家，沃尔夫奖获得者，主攻解析数论。

[25] 日本数学家，沃尔夫奖获得者，主攻代数几何。更多详情可参阅人民邮电出版社出版的《我只会算术：小平邦彦自传》。

[26] Jean-Pierre Serre，法国数学家，沃尔夫奖、阿贝尔奖获得者，主攻拓扑学、代数几何与数论。

[27] Klaus Roth，德裔英国数学家，主攻解析数论。

[28] René Thom，法国数学家，主攻拓扑学。

[29] Lars Hörmander，瑞典数学家，沃尔夫奖获得者，主攻偏微分方程。

[30] John Milnor，美国数学家，沃尔夫奖、阿贝尔奖获得者，主攻微分拓扑。

[31] Michael Atiyah，英国数学家，阿贝尔奖获得者，主攻拓扑学。

[32] Paul Cohen，美国数学家，主攻集合论。

[33] Alexander Grothendieck，数学家，主攻代数几何。

[34] Stephen Smale，美国数学家，沃尔夫奖获得者，主攻微分拓扑。

[35] Alan Baker，英国数学家，主攻数论。

[36] 日本数学家，主攻代数几何。更多详情可参阅人民邮电出版社出版的《数学与创造：广中平祐自传》。

[37] Sergei Novikov，苏联数学家，沃尔夫奖获得者，主攻拓扑学。

[38] John Thompson，美国数学家，沃尔夫奖、阿贝尔奖获得者，主攻群论。

[39] Enrico Bombieri，意大利数学家，主攻数论。

[40] David Mumford，英国数学家，沃尔夫奖获得者，主攻代数几何。

[41] Pierre Deligne，比利时数学家，沃尔夫奖、阿贝尔奖获得者，主攻代数几何。

[42] Charles Fefferman，美国数学家，沃尔夫奖获得者，主攻分析学。

[43] Grigori Margulis，苏联数学家，沃尔夫奖、阿贝尔奖获得者，主攻李代数。

[44] Daniel Quillen，美国数学家，主攻代数拓扑。

[45] Alain Connes，法国数学家，理论物理学家，主攻算子理论。

[46] William Thurston，美国数学家，主攻拓扑学。

[47] 华裔美籍数学家，沃尔夫奖获得者，主攻微分几何。

[48] Simon Donaldson，英国数学家，沃尔夫奖获得者，主攻拓扑学。

[49] Gerd Faltings，德国数学家，主攻代数几何。

[50] Michael Freedman，美国数学家，主攻微分几何。

[51] Vladimir Drinfeld，乌克兰裔美籍数学家，沃尔夫奖获得者，主攻代数几何。

[52] Vaughan Jones，新西兰数学家，主攻拓扑学。

[53] 日本数学家，主攻代数拓扑。

[54] Edward Witten，美国数学家、物理学家，主攻超弦理论。

[55] Jean Bourgain，比利时数学家，主攻分析学。

[56] Pierre-Louis Lions，法国数学家，主攻偏微分方程。

[57] Jean-Christophe Yoccoz，法国数学家，主攻动力系统。

[58] Efim Zelmanov，俄裔美籍数学家，主攻群论。

[59] Richard Borcherds，南非裔美籍数学家，主攻群论。

[60] Timothy Gowers，英国数学家，主攻泛函分析。

[61] Maxim Kontsevich，俄罗斯－法国数学家，主攻数学物理方法。

[62] Curtis McMullen，美国数学家，主攻混沌理论。

[63] Laurent Lafforgue，法国数学家，主攻数论。

[64] Vladimir Voevodsky，俄裔美籍数学家，主攻代数几何。

[65] Andrei Okounkov，俄罗斯数学家，主攻数学物理方法。

[66] 华裔澳大利亚数学家，主攻偏微分方程。

[67] Wendelin Werner，德裔法国数学家，主攻几何学。

[68] Elon Lindenstrauss，以色列数学家，主攻遍历理论。

[69] Ngô Bào Châu，越南裔法国数学家，主攻代数几何。

[70] Stanislav Smirnov，俄罗斯数学家，主攻数学物理方法。

[71] Cédric Villani，法国数学家，主攻数学物理方法。更多详情可参阅人民邮电出版社出版的《一个定理的诞生：我与菲尔茨奖的一千个日夜》。

[72] Artur Avila，巴西－法国数学家，主攻动力系统。

[73] Manjul Bhargava，印度裔加拿大－美国数学家，主攻数论。

[74] Martin Hairer，英国数学家，主攻随机偏微分方程。

[75] Maryam Mirzakhani，伊朗数学家，主攻黎曼曲面，是第一位获得菲尔兹奖的女性。

[76] Caucher Birkar，伊朗裔英国数学家，主攻代数几何。

[77] Alessio Figalli，意大利数学家，主攻变分法。

[78] Peter Scholze，德国数学家，主攻代数几何。

[79] Akshay Venkatesh，澳大利亚数学家，主攻数论。

[80] Thomas Mann，德国作家，诺贝尔文学奖得主。

[81] Ernest Hemingway，美国作家，诺贝尔文学奖得主。

[82] Gabriel Garcia Márquez，哥伦比亚作家，诺贝尔文学奖得主。

[83] Gotthold Ephraim Lessing，德国剧作家。

[84] Toni Morrison，美国作家，诺贝尔文学奖得主。

[85] Paul Samuelson，美国经济学家，诺贝尔经济学奖得主。

[86] Kenneth J. Arrow，美国经济学家，诺贝尔经济学奖得主。

[87] Milton Friedman，美国经济学家，诺贝尔经济学奖得主。

[88] Daniel Kahneman，以色列裔美国心理学家，诺贝尔经济学奖得主。

[89] Paul Krugman，美国经济学家，诺贝尔经济学奖得主。

[90] Albert Einstein，科学家、物理学家，诺贝尔物理学奖得主。

[91] Erwin Schrödinger，奥地利理论物理学家，诺贝尔物理学奖得主。

[92] Hans Bethe，德裔美国理论物理学家，诺贝尔物理学奖得主。

[93] Richard Feynman，美国理论物理学家，诺贝尔物理学奖得主。

[94] Sheldon Glashow，美国理论物理学家，诺贝尔物理学奖得主。

[95] Jean Dieudonné，法国数学家，布尔巴基学派的创始人之一，著有《现代分析基础》(*Foundations of Modern Analysis*)。

[96] Bourbaki 是 20 世纪一群法国数学家的笔名。他们以结构主义观点从事数学分析，认为数学结构没有任何事先指定的特征，它是只着眼于它们之间关系的对象的集合。

[97] Steve Ballmer，曾任微软公司首席执行官。

[98] Jim Sethna，现任康奈尔大学物理学教授。

[99] Barry Mazur，美国数学家。

[100] Raoul Bott，匈牙利数学家，主攻拓扑学和微分几何，沃尔夫奖得主。

[101] John Tate，美国数学家，主攻数论，沃尔夫奖、阿贝尔奖获得者。

[102] John、Paul、George 和 Ringo，即披头士乐队。

[103] 一项美国大学生数学赛事。

[104] Thomas Kuhn，美国科学史家、科学哲学家。

[105] Paul Ginsparg，美国物理学家。

[106] George Forsythe（美国数学家、计算机科学家）和 Cleve Moler 合著的 *Computer Solution of Linear Algebraic Systems*。

[107] Ake Björck，瑞典应用数学家。

[108] Germund Dahlquist（瑞典数学家）和 Ake Björck 合著的 *Numerical Methods*。

[109] Howard Emmons，美国火灾安全科学专家。

[110] 1965 年由 DEC 公司推出的全球首款真正意义上的小型计算机。

[111] 参阅"译后记"。

[112] Jim Wilkinson，英国数学家。

[113] 其定义为：数值分析是关于算法的研究，它利用数值逼近（与之对立的是符号运算）去解决数学分析（与离散数学不同）问题。

[114] Donald Knuth，美国数学家、计算机科学家，图灵奖获得者。

[115] Noam Chomsky，美国语言学家。

[116] Alan Turing，英国数学家、逻辑学家，计算机科学先驱。

[117] John von Neumann，匈牙利裔美国数学家，计算机科学先驱。

[118] Walter Gautschi，瑞士数学家。

[119] Gene Golub，美国数学家。

[120] Friedrich Bauer, 德国计算机科学家。

[121] Eduard Stiefel，瑞士数学家。

[122] Heinz Rutishauser，瑞士数学家。

[123] John Bennett，澳大利亚计算机科学家。

[124] Charles William "Bill" Gear，美国数学家。

[125] Tom Hull，加拿大计算机科学家。

[126] Richard Hamming，美国数学家、计算机科学家。

[127] William（"Velvel"）Kahan，加拿大数学家、计算机科学家。

[128] Andrew Wiles，英国数学家，解决了"费马大定理"，沃尔夫奖、阿贝尔奖获得者。

[129] James Maxwell，英国著名物理学家、数学家。

[130] 流体力学中的一个问题。

[131] 电磁学中的一个问题。Michael Faraday，英国物理学家、化学家。

[132] Harvey Greenspan，美国应用数学家。

[133] Garrett Birkhoff，美国数学家。

[134] Pafnuty Chebyshev，俄国数学家。

[135] Philip Davis，美国应用数学家。

[136] Heinz-Otto Kreiss，德国数学家。

[137] Michel Crouzeix，法国当代数学家。

[138] Constantin Carathéodory，德国数学家。Lipót Fejér，匈牙利数学家。

[139] Hermann Hankel，德国数学家。

[140] Georges-Henri Halphen，法国数学家，该常数是他在 1886 年计算得到的。

[141] Bertil Gustafsson，瑞典应用数学家。

[142] Otto Toeplitz，德国数学家。

[143] Mark Embree，美国应用数学家。

[144] Edward Lorenz，美国数学家、气象学家，现代混沌理论奠基人。更多信息请参阅人民邮电出版社出版的《混沌：开创一门新科学》。

[145] Enrico Fermi，意大利物理学家，诺贝尔物理学奖获得者，研制了世界上第一个核反应堆。John Pasta，美国物理学家、计算机科学家。Stanislaw Ulam，波兰裔美国数学家、物理学家。Mary Tsingou，希腊裔美国物理学家、数学家，最早的计算机程序员之一。他们 4 人发现的这种现象也被称为"FPUT 问题"。

[146] Divakar Viswanath，美国数学家。

[147] Martin Gutknecht，瑞士数学教育家。

[148] Henri Eugène Padé，法国数学家。

[149] David Hilbert，德国著名数学家。

[150] Carl Runge，德国应用数学家。

[151] Sergei Bernstein，苏联数学家。

[152] Carl-Wilhelm Reinhold de Boor，德裔美国数学家。

[153] Lawrence Peter Berra，昵称 Yogi Berra，美国棒球运动员，曾被选入棒球名人堂。他说过许多有趣的言论，被人称为尤吉语录（Yogi-isms）。

[154] Irving John Good，英国数学家。

[155] Henri Lebesgue，法国数学家，测度论创始人。

[156] Pavel Korovkin，苏联数学家。

[157] Marcel Riesz，匈牙利数学家。

[158] Jean Baptiste Joseph Fourier，法国数学家。

[159] Charles Hermite，法国数学家。

[160] Andrei Andreyevich Markov，俄国数学家。

[161] Volker Mehrmann，德国数学家。

[162] Donald Newman，美国数学家。

[163] Richard S. Varga，美国数学家。

[164] Herbert Stahl，德国数学家。

[165] Pierre-Simon Laplace，法国数学家。

[166] Hermann von Helmholtz，德国物理学家。

[167] Robert Caro，美国记者、作家。

[168] Marsha Berger，美国计算机科学家。

[169] 华裔美籍数学家、计算机科学家、教育家。

[170] Joe Oliger，美国计算机科学家。

[171] Jack Herriot，美国计算机科学家。

[172] Augustin Louis Cauchy，法国数学家。

[173] Karl Theodor Wilhelm Weierstrass，德国数学家。

[174] Georg Friedrich Bernhard Riemann，德国数学家。

[175] Peter Henrici，瑞士数学家。

[176] Hermann Schwarz，德国数学家。

[177] Elwin Christoffel，德国数学家。

[178] Carl Jacobi，德国数学家。

[179] Gilbert Strang，美国数学家。

[180] Cleve Moler，美国数学家、计算机科学家，MATLAB 语言发明者。

[181] Nikolai Mitrofanovich Krylov，苏联数学家。

[182] André Weil，法国数学家，沃尔夫奖获得者。

[183] Hans Petersson，德国数学家。

[184] Charles Loewner，美国数学家。

[185] Pavel Parfen'evich Kufarev,苏联数学家。

[186] 1826 年,德国工程师 August Leopold Crelle 创办了《纯数学和应用数学》杂志,历史上也称《克雷尔杂志》。

[187] 从互联网上可以获取名为"Complex Beauties"的精美年历。

[188] Claude Louis Marie Henri Navier,法国数学家。

[189] George Gabriel Stokes,英国数学家。

[190] Richard Courant,波兰裔美国应用数学家。

[191] Peter Lax,匈牙利数学家。

[192] South of Houston 的缩写,指的是处于美国纽约下城 Houston 街南。

[193] Dean & DeLuca's,高档连锁食品杂货店。

[194] 采用意译,原文分别是 entomologist(昆虫学家)和 etymologist(词源学家)。

[195] Ludwig Hölder,德国数学家。

[196] Sergei Sobolev,苏联数学家。

[197] Oleg Vladimirovich Besov,苏联数学家。

[198] Barry Simon,美国数学物理学家。

[199] 该书收录于 Barry Simon 的 5 卷本 *A Comprehensive Course in Analysis*。

[200] Joseph-Louis Lagrange,意大利裔法国数学家。

[201] 指 Pierre Grisvard 的 *Elliptic Problems in Nonsmooth Domains*。

[202] Jack Little,莫勒的合伙人,也是 MathWorks 公司的总裁和共同创始人。

[203] Alan Edelman,美国应用数学家、计算机科学家。

[204] Wolfram Research, Inc.,美国计算软件公司,主要的产品是 Mathematica,还运营着 MathWorld 和 ScienceWorld 百科知识网站。

[205] Folkmar Bornemann,德国数值分析专家。

[206] Erik Ivar Fredholm,瑞典数学家。

[207] Erhard Schmidt,俄裔德国数学家。

[208] Georg Cantor,俄裔德国数学家,集合论创始人。

[209] Hans Hahn,奥地利数学家。

[210] Stefan Banach,波兰数学家。

[211] Nelson Dunford,美国数学家。

[212] Jacob Schwartz,美国数学家、计算机科学家。

[213] Irving Segal，美国数学家。

[214] Valentine Bargmann，德裔美国数学家、理论物理学家。

[215] Robert Schatten，美国数学家。

[216] 指 Berger, C. A., Coburn, L. A.: Toeplitz operators on the Segal-Bargmann space. Trans. Amer. Math. Soc. 301 (1987), no. 2, 813–829。

[217] Henry McKean，美国数学家。

[218] S. R. Srinivasa Varadhan，印度数学家，阿贝尔奖获得者。

[219] Hillel Furstenberg，德裔美国数学家，沃尔夫奖、阿贝尔奖获得者。

[220] Thomas Bayes，英国数学家，概率论先驱。

[221] Jean Perrin，法国物理学家，诺贝尔物理学奖获得者。

[222] Norbert Wiener，美国应用数学家，控制论创始人。

[223] Napoléon Bonaparte，法国军事家和政治家，法兰西第一帝国皇帝。

[224] Alexis Clairaut，法国数学家。

[225] 日本数学家，沃尔夫奖获得者。

[226] 华裔美国数学家、计算机科学家。

[227] Moshe Zakai，以色列电气工程专家。

[228] Ruslan Stratonovich，苏联数学家。

[229] 前文的 AAK 理论。

[230] Louis Nirenberg，加拿大数学家，阿贝尔奖获得者。

[231] 《一个数学家的辩白》（第 97 页）提及过这个内容。